徐士进 吴卫华 编著

天人之变

气候变迁与文明兴衰

江苏凤凰教育出版社
Phoenix Education Publishing, Ltd.

序

十多年前,笔者参与中学历史和地理教材数字化工作,深为教材内容的庞杂所惊叹。历史书的时间跨度绵亘新旧石器时代,从方国到帝国,从士农工商到帝王将相。地理书的空间涵盖宇宙至地球,从海洋到陆地,从山川地貌到气候分带。大量的名词和事件如果单靠机械记忆来完成,很容易使学生失去学习的兴趣。其实,人类社会发展和自然环境变化自有其规律可循。

地球表面的冷暖与所处地区接受到的太阳辐射有关,地球绕太阳运动轨道的变化和地球自身运动状态的变化,造成了地球表面不同纬度地区的气温差异。再结合地球表面海陆分布、地形差异、大气流动等因素,就形成了地球表面复杂的气候带和类型。不同的山川地貌和气候条件形成了迥异的地理环境,从而衍生出多样的人群,是谓"一方水土养一方人"。不同的人群有着千差万别的习俗和文化,于是就有了复杂多元的社会。各个社会的发展都有其各自的历史,相互之间交流、融合、冲突和兴衰,进而形成了一部社会文明史。

爱因斯坦认为,自然世界是简单的,"我们在寻求一个能把观察到的事实联结在一起的思想体系,它将具有最大可能的简单性。"气候温暖时期,地球表面的水吸热蒸发,大气中水分在一定条件下形成降雨,温暖的气候和充足的降水有利于农耕,也有助于草原生态的发展。但在气候寒冷时期,水循环减缓,干冷的气候造成北方草原生态劣化,进而驱使游牧民族进行大规模人口迁移,便会引发"侵入"农业社会的事件。中国历史上魏晋南北朝时期,北方游牧民族的大举南侵便是其中的典型事例。

被称为"地质学之父"的查尔斯·莱伊尔提出的"将今论古"原则,用于研究自然变化是有其局限性的。季有夏暑冬寒,月有阴晴圆缺,这是可以"将今论古"的,但是地理环境和气候变化就古今有异了。唐代的气候较今温暖,诗人张籍在《送蜀客》中有"木棉花发锦江西"的描述,可知当时成都城南的锦江能见到木棉花开。现今想看木棉树,就要去成都以南数百千米的西昌和攀枝花了。中国古代边塞诗歌中有"不破楼兰终不还"的名句,这个名为"楼兰"的西域古国位于新疆塔克拉玛干沙漠之中的罗布泊地区,它前后存在不过数百年,却让无数的文学家、考古学家、历史学家为之神往。罗布泊在晚更新世以前即已出现,曾是中国第二大内陆湖,是塔里木盆地的集水中心。这里孕育了罗布泊地区的古代文明,出现了楼兰、车师等古国。如今,罗布泊已经和广阔无垠的塔克拉玛干沙漠融为一体,成了寸草不生的地方,被称作"死亡之海"。

古人已经发现,在国家兴盛或衰亡之际,自然环境会发生某些异变,这些异变被视为社会兴亡的部分原因。《礼记·中庸》称"国家将兴,必有祯祥;国家将亡,必有妖孽",意指国家将要兴盛或灭亡,必有某种征兆。其实,所谓的"祯祥"或"妖孽",多为对气候等自然现象的一种描述。20世纪以来,许多中外学者针对气候改变历史的课题做过多方面的研究,著名学者竺可桢先生撰写的《中国近五千年来气候变迁的初步研究》一文,对中国历史上的气候变迁和文明兴衰的关系做了高屋建瓴的阐述。如果我们将历史事件随时间轴的发展绘制成一幅文明史长卷,本书只不过是将气候变化作为一根经线编织在这幅长卷中,让读者体会到气候的变化是如何影响人类社会文明的兴衰的。

本书当然不能全面解释一万年来文明兴衰的所有方面,但若是能够启迪读者换个角度去欣赏正统史学阐释之外的别样风景,那我们的目的也就达到了。本书是融媒体图书,图文并茂,音视结合,希望有助于读者的理解。

徐士进

2020 年 9 月于南京大学

目录

第一部分

天地玄黄 地球气候之变化

第一部分
天地玄黄·地球气候之变化
《周易·坤卦》:天玄而地黄

1.1 地球的气候——热量的来源与分配

气候是指地球在特定的地点和特定的时间内所有的大气状态（温度、风、降水量、日照、湿度等）。地球的气候有它自己的历史,关于这段历史的复原以及变化原因和预测研究,构成了一门科学学科——气候学。人类社会与气候有密切关系,中国很早就有关于气候现象的记载。2004年山西省襄汾县陶寺文化遗址发掘的过程中,考古人员发现了距今4100年的世界上最古老的天文观象台遗址。殷墟甲骨文中,不但有天文、气象、物象等观测文字,还有天气预测和实况的记载。1936年出土的一片龟甲上,就记载了公元前

■ 图 1.1
殷墟甲骨文中有关天气现象的文字

1217年的天气状况,不仅做出了10天的天气预报,还有连续10天的天气实况记录。

自古以来人们见面谈论的话题往往是天气,现代人外出旅行,最关心的也是天气,因为知道天气,就可以提前为行程做好安排和准备。农业民族更需要提前了解天气,以利于播种收获。中国春秋时期已用圭表测日影以确定季节,秦汉时期就有二十四节气、七十二候的完整记载。中国还有圭表测日影的文物——河南省登封县的古观星台。所谓"垒土为圭,立木为表,测日影,正地中,定四时"正是当时行事状况的如实记录。具体方法,类似于利用一根直立八尺(古尺)长的杆子,通过观测杆子每天中午在地面投影长度的变化,来确定一年四季的变化。夏季天气炎热,太阳高度角大,地上的杆影最短,古人把这一天定为夏至;同理,天气寒冷的冬季,太阳高度角小,地上的杆影就长,最长的一天便被定为冬至。冬至后,杆影渐渐缩短,直到天气变暖,杆影再回到最短的夏至,一年四季就在杆影最长的冬至和杆影最短的夏至之间变化着,这种测量方法被称为圭表测影。由于每个节气之间的间隔约为十五日,因此杆影的长度变化也非常有规律。

■图 1.2
圭表测日影以确定季节

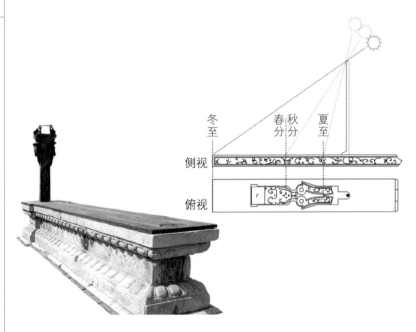

4

气候（climate）一词源自拉丁语 clima，希腊文为 κλιμα，意为"倾角"（太阳光线与地球赤道平面的夹角），这就意味着各地气候的冷暖同太阳光线的倾斜程度有关。由于太阳辐射在地球表面分布的差异，海洋、陆地以及陆地上的山脉、森林等不同性质的下垫面在太阳辐射的作用下受热的物理过程不同，使气候除具有温度大致按纬度分布的特征外，还具有明显的地域性特征。

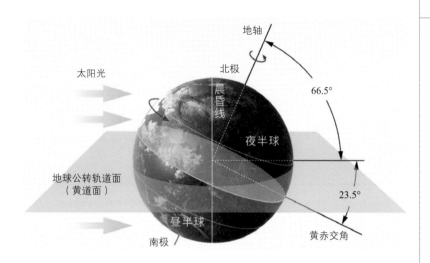

地球绕太阳旋转的轨道平面称为黄道面，地球自转的平面称为赤道面。由于地球自转轴并不垂直于黄道面，而是倾斜了 23.5°，因此这两个面形成 23.5° 的夹角。太阳光总是直射到南北纬 23.5° 线就回头，于是，人们就把这两条线称为南北回归线。地球围绕太阳公转一周的时间里，太阳光直射地球表面交点的连线就在南北回归线之间移动，即一年中太阳光线总是直射南北回归线之间的地区。因此，赤道地区在全年之中比其他地区接收到更多的热量，同理不难看出，极地接收的热量最少。这种不均衡的热量分布，必然导致地表各纬度的气温产生差异，从而出现热带、温带和寒带气候。

太阳辐射对地球气候影响很大，假定太阳给地球带来的热量平均分配在地球表面，那么地表接收到的太阳辐射密度为 342 瓦 / 平方米。由图 1.4 可见,地球上各纬度在一年中的太阳辐射收支是不等的,赤道地区超过了 342 瓦/平方米,产生了热量盈余;而南纬40°以南和北纬 40°以北的高纬度地区,产生了热量亏损。但是地

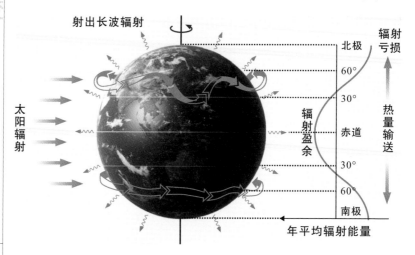

球表面的赤道地区并没有因热量盈余而变得愈来愈热,两极地区也没有因热量亏损而变得愈来愈冷,这说明赤道地区和两极之间存在着热量的输送,维持了地表的现有状态。要保持全球的热量平衡,必须有向两极的热量输送,包括大气输送的热量、海流输送的热量和大气气流带去的潜热等。

1.2 大气环流对地球气候和环境的影响

目前人类能够检测到的地球表面吸收的外来能量,主要是来自太阳辐射的能量。太阳辐射的能量穿过大气层到达地表,直接使得陆地和海洋的表面升温,升温的地表又加热了空气。观察世界地图,就能看到赤道地区绝大部分是海洋。赤道地区受到太阳的强烈照射,致使大面积海域中的水蒸发率很高,富含水分的热空气上升,上升的过程也是散热或者说是热量丢失的过程。到了一定的高度,水分开始凝结成水滴形成降雨,这也是赤道地区水资源丰富的原因。

同时,赤道地区空气吸收了较多的热量,空气体积开始膨胀,使得空气密度减小,从而引起气流上升。在赤道上空 16 千米的空气温度通常只有−60℃左右,空气中几乎没有水蒸气,极为干燥。上升的空气在这个高度遇到一个比它更热的空气层——平流层的底部,上升就停止了。受阻的空气无法再继续上升,便离开赤道上空向北和向南移动,分别在北纬 30° 和南纬 30° 之间沉降。空气下降时又

■ 图 1.5
全球海洋和沙漠的分布、人居环境沙漠化情况

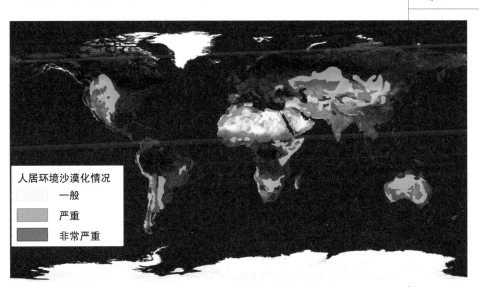

开始升温,到达地表时已经是又干又热的空气了。这种空气虽然将热量带到远离赤道的地方,却是极不宜人的。我们看世界地图会发

现，在两个半球上都有一片沙漠地带，这些沙漠地带的中心恰好都在北回归线以北和南回归线以南的地区。非洲的撒哈拉沙漠、亚洲的阿拉伯沙漠和塔尔沙漠、澳大利亚的沙漠和美洲的沙漠，正是由又干又热的下沉空气造成的，这些沙漠属于亚热带沙漠。

世界上的沙漠并不都是由热带、亚热带空气循环造成的，还有极地上方沉降空气产生的极地沙漠。另外，亚洲内陆地区和中纬度大陆西侧高山背地区的沙漠形成，是由于空气在上升爬过高山和在

暖湿空气　干热空气

陆地上空长途运移中丢失了水分，这部分地区非常干燥。高峻的山脉能阻隔暖湿空气，在迎风坡一面降水较多，背风坡降水较少，形成雨影效应。此外，空气翻过山岭时在背风坡绝热下沉而形成的干热风，称之为焚风效应。中国西部地区的沙漠位于喜马拉雅山脉的背面一侧，因为高山阻挡了从印度洋来的暖湿气流，缺乏雨水，因而得名"雨影沙漠"。落基山脉和内华达山脉之间的大盆地沙漠是美国最大的沙漠，降水量少，气候异常干燥。

赤道地区的暖气流向上移动，不仅使近地表面的气流在高空向北、向南移动至南北纬30°处下沉，而且因空气上升在赤道地区形成一个低压区，空气必须经地表流动进行补充，空气在地面的移动就形成了风。赤道两侧的风向是有规律可观测的，出现在北半球的风来自东北方向，出现在南半球的风来自东南方向，只因这种风有轨迹可循，就被海上航行的水手称为"信风"。当年航海探险家麦哲伦带领船队第一次越过南半球的西风带向太平洋驶去的时候，发现

一个奇怪的现象：在长达几个月的航行中,大海显得非常顺从人意。开始,海面上一直吹着徐徐的东南风,把船向西推行。后来,东南风渐渐减弱,大海变得非常平静。最后,船队顺利到达亚洲的菲律宾群岛。原来,这是信风帮了他们的大忙。信风对于海上贸易船只的航行具有相当大的影响,所以,又被称为"贸易风"。

第一个对信风作出解释的人是英国天文学家埃德蒙·哈雷,他在1686年提出赤道地区的高温使暖气流上升,促使赤道两侧的冷空气流动过来补充,由此形成信风。但他未能对赤道两侧的信风为什么不是来自正北和正南,而是来自东北和东南作出解释。1735年,英国人乔治·哈德莱对哈雷的理论进行了进一步阐述,他指出地球由西向东的自转使空气发生了偏移,形成东北与东南两个方向的信风。哈德莱在解释信风的过程中,对热量从赤道地区向其他地区的传递进行了说明,指出赤道地区空气受热上升,在高空向极地方向流动并在极地地区下沉,极地空气又流向赤道地区进行补充。此后,美国气象学家威廉姆·费雷尔在1856年将地球自转引起的科里奥利力效应引入大气环流运动的研究之中。由于费雷尔第一个发现了中纬度地区的大气逆流,因此人们称之为"费雷尔环流"。

■ 图 1.7
科里奥利力对地球表面空气流动的影响

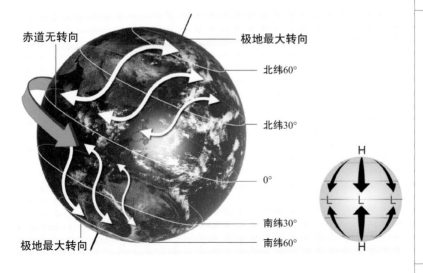

气流运动加上地球自转的作用使得大气环流不止一个,并且环流形成过程也很复杂。赤道地区的暖气流上升到 16 千米高空处受阻,然后向南北高纬度方向运动,冷却后在南北纬 25°—30° 低压下沉。当空气到达地表时,有一部分会向赤道方向回流形成信风,在低纬度完成空气环流。由于这种空气环流运动方式和成因与哈德莱的假设相符,所以被称为"哈德莱环流"。另一部分到达地表的空气向极地方向运动,进入费雷尔环流。

极地上空非常寒冷,冷空气下沉到地面时,就会从极地流走,当其到达南北纬 50°—60° 之间的地面时,与从赤道来的空气相遇,相遇的气流上升到地表以上约 7 千米处,然后一部分空气流回极地,形成极地环流,一部分空气则向赤道方向运动形成费雷尔环流。

■ 图 1.8
全球大气环流

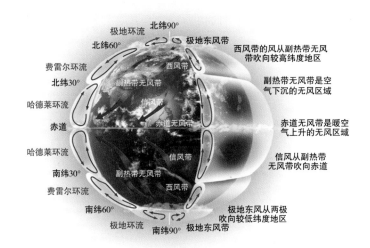

在南北半球各有三组这样的环流,所有的环流都是暖空气向远离赤道的方向运动,而冷空气则直接向赤道方向运动,这就是大气环流的三圈环流模型。如果没有这种大气环流运动对赤道地区和两极地区的热量重新分配,赤道地区要比现在炎热得多,极地附近则要比现在寒冷得多。

1.3　大洋环流的贡献

阳光照射赤道地表,加热的地表又使与之接触的空气变暖,造成暖空气上升移动,形成大气环流。阳光同时也照射海洋,与陆地不同的是,海水不但能够吸收太阳辐射的热量,还能够移动。大气以垂直环流的形式输送热量,海洋则是以表层洋流和深层洋流的方式传递热量。海水并不是一个均匀的整体,各地海水的温度、盐度、密度和深度都存在差异,因此,海水传递热量的方式也有着巨大的不同。

海洋面积占了地球表面的 70%,水在地球上普遍存在。水在地球上可以有三种状态:液态(水)、固态(冰)和气态(水蒸气)。温度高时,水分子运动加剧,水的体积膨胀,密度变小,当水分子自由运动时就成为水蒸气。在常温常压下,1 克水转化成水蒸气,要吸收 2257 焦耳的能量。夏日的海边成为旅行度假的地方,正是因为在烈日照射下海水蒸发时吸收了空气中的热量,使人感到凉爽。温度低于冰点时,水分子中的氢氧原子之间形成六方形晶体结构,即为固态的冰。1 克水结冰能释放 335 焦耳的热量,这就是为什么我们觉得结冰时比冰雪融化时暖和的原因。

平均来说,1 千克海水中含盐 35 克,即盐度为 35‰。整个大洋中,海水的盐度可能发生变化,盐度的变化主要与海水的蒸发、降雨、洋流、海水混合等因素有关,在赤道一带降水量大,致使海水盐度较低;盐度最高的地区是蒸发量高而降雨相对较少的中纬度地

■ 图 1.9
水的三种状态和热量的变化

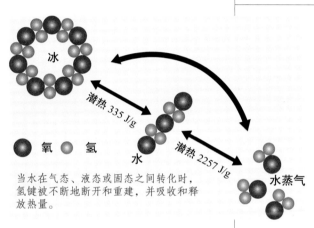

当水在气态、液态或固态之间转化时,氢键被不断地断开和重建,并吸收和释放热量。

冰　　氧　氢　水　潜热 335 J/g　潜热 2257 J/g　水蒸气

区。在高纬度地区,结冰会使海水盐度升高,融冰会使海水盐度降低,这一点很重要,因为这和下面谈到的热盐环流有关。

大洋中不同区域海水的盐度略有差别,一般在30‰—37‰之间变化,但其中所含盐类的相对比例保持不变(55%的Cl、31%的Na、8%的SO_4^{2-}等)。这是一个非常重要的发现,我们只要知道海水中某一种组分的量,即可按这个比例求出其他组分的含量。通常将测定盐度、温度、压力(深度)的仪器组合起来称之为盐温深测定仪。将这组仪器及与之相连的用于记录和存储数据的计算机放置在密闭防水的容器里,就可以连续测定该海域海水的性质。

狭窄、连续并迅速流动的湾流引人注目,从中也最容易观察到海洋物理现象。早在200多年前,本杰明·富兰克林就绘制了第一幅湾流图。大量的海水沿海岸向北流动,从墨西哥湾经美国佛罗里达州向北到北卡罗来纳州,然后向东穿过大西洋。那个时代,人们可以利用的海洋探测仪器只不过是一个温度计和一些航海日志,就对湾流作出了相当准确的描述。200年来,海洋科学领域有了长足的发展,20世纪海洋研究领域的重大科学发现之一,就是大洋热盐环流。

■ 图1.10
全球大洋热盐环流

大洋热盐环流,是由风应力、太阳的不均匀加热、降水和蒸发的不均匀分布等因素驱动的全球洋流循环系统。在自东向西的定向风力驱动下,太平洋赤道附近温暖的表层海水向西流动,经非洲最南端进入大西洋。然后,再沿大西洋北上汇聚墨西哥湾流,自北美洲东海岸向北再向东,直至冰岛、格陵兰岛附近。这里的纬度较高,由于冰冷的空气和水、结冰过程以及风的蒸发作用,使新到达的表层水变得更冷,盐度和密度增大,表层水下沉形成冷的大洋深水流,深水流再向低纬度地区流动,经南大西洋、南极洲,一部分流入印度洋返回海洋表层,一部分流入太平洋最终又回到赤道,完成所谓的"环流"。大洋热盐环流,就像一条传送带,周流不息地将热量从赤道送往北大西洋,给欧洲带去温暖湿润的空气和丰富的降雨,使北欧的冬天不至于过分寒冷。但是,在大西洋另一侧,同样纬度的加拿大东海岸,海水温度很低,冬季非常寒冷,这一切都源于洋流的影响。水是一种善于储存热量和传递热量的载体,墨西哥湾流每天送到欧洲的热量相当于全世界 10 年煤产量的发热量。

　　热盐环流不仅将赤道地区的热量传送到高纬度地区,同时对海洋中的营养组分起到了均匀化的搅拌作用,从而满足了各种海洋生物的需要,使更大范围的海域适于鱼类和其他海洋生物的繁殖、生长。这种全球性的洋流大循环过程是缓慢的,海水从北大西洋流到太平洋中部大约要花 1500 年。不幸的是,热盐环流对周围环境的变化很敏感,如全球气温上升将加速格陵兰冰盖的融化,融化的淡水流入大西洋,将导致该地区海域海水的盐度和密度降低,下潜海流的形成机制被阻断,从而打破热盐环流,造成灾难性的气候变化。新仙女木事件就是因为大洋热盐环流的中断而造成的。

1.4 寻求全球范围寒冷化事件的原因

18 世纪和 19 世纪是科学家们热衷于对事物进行分类的时代。也许今天的人们对这种做法不以为然,因为现在人们认为科学应该对事物的成因加以解释,而不是像集邮那样对它们进行命名和解释。其实这是对科学的误解,如果没有对事物的系统化整理和有序分类,那么对自然界各种现象的研究根本无从谈起。动植物学家对动植物进行分类,地质学家对自然界的岩石进行分类,正是由于这种不厌其烦的细致分类,才促成这些学科的发展。

■ 图 1.11
漂砾

18 世纪,欧洲人见到阿尔卑斯山脉和侏罗山脉的山脚下遍布着大大小小的砾石,例如图 1.11 所示的这块孤独的石头,这些石头看上去并不像是当地的,倒很像是从其他地方被搬运过来的。它与几百千米以外的冰川地区的岩石很相近,但 18 世纪的地质学家也说不清它来自哪里,所以称之为漂砾。当时的许多人认为这些石头是传说中的大洪水带来的,地质学之父詹姆斯·赫顿认为洪水不可能将巨大的石头冲到千米高的山上,世间也不存在能让石头漂起来的水,他成为赞成大规模冰川作用的第一人。今天人们都知道它是在寒冷的冰期中被冰川作用推送到这里,温暖的间冰期中冰川消融就将它留在这里。

1807 年出生于瑞士的阿加西,曾经在巴黎师从居维叶,是最早提出冰川理论的人。他调查瑞士侏罗山脉的冰川河谷,从被切割得七零八落的山谷、被磨得平整光滑的条痕、冰川后退留下的冰堆石及其他各种冰川运动留下的痕迹,论证冰川的存在。他不断发现冰川存在的证据,并于 1840 年出版了一本名为《冰川研究》的书,书中提出冰川不仅厚厚地覆盖着阿尔卑斯山,而且还覆盖了欧洲、亚洲和北美洲的大片地区。阿加西不断地奔走宣传他的冰川理论,有关冰川运动的讨论达到高潮,但在英国很少有人赞同他的观点。因为当时的博物学家很少见到过冰川,不能理解冰川的巨大作用。

冰川是由夏季未融化的积雪逐渐形成的。这种雪被称为永久积雪,其边缘被称为永久雪线。每年冬天的降雪到最后都会有一部分变成永久积雪,在不断增加的重量的作用下,最底层的积雪被挤压成了坚冰。有一部分积雪在阳光的作用下直接升华成水蒸气而损失掉,同时风力也可以使地表松散的雪粒消融。但如果累积的雪量超过因升华和消融作用损失的雪量,积雪就会变成冰川。

■ 图 1.12
冰川

冰川首先在温度较低的高海拔地区形成,经过长年累月的堆积后,冰川的重量会使处于底部的冰雪向山下滑动,这些缓慢移动的冰雪就是冰川。当冰川开始运动时,冰川上部硬而脆的冰层开始崩裂形成冰缝。所以冰川表面非常粗糙、起

伏不平,与河水的表面完全不同。冰川底部的冰体在压力的作用下柔韧而富有弹性,在经过地表岩石上面时会隆起并从上面滑过,这就是冰川的滑动。冰川在两山之间移动时会将地表较松软的岩石碾碎并将山脉切成 U 字形,形成谷冰川。如果冰川在向山下滑动时将整个山坡覆盖,则形成冰原。当冰川因每年升华、消融等因素作用损失的雪量与新增的雪量持平时,冰川就会停止运动,进入消融区。随冰川一起移动的岩石、砾石等漂砾在冰川进入消融区时也停止了移动,堆积后形成冰碛,位于冰川最前端的冰碛则被称为终碛。

冰碛能够帮助地质学家和地貌学家确定很久以前就消失的冰川的规模和活动范围。

虽然阿加西的冰川理论在当时遭受了大量的质疑，但是后来在学术界获得了不朽的声誉。可是，他的理论有一个致命的弱点，那就是它不能解释冰期出现的原因，直到一个意想不到的人的出现。1864年的英国学术杂志《哲学杂志》登载了一篇文章，认为冰期的出现可能是由地球绕日轨道的变化引起的。这篇文章当时被推崇为最高水平的学术论文，但作者詹姆斯·克罗尔并不是大学的研究人员，而只是一所大学的看门人，委实让人既惊讶又尴尬。

克罗尔1821年出生于苏格兰的一个贫寒之家，年轻时做过各种杂工，后来到一所大学当看门人。他工作之余在大学图书馆中阅读自修，并重点关注地球运动及其对气候的影响。他提出地球轨道从椭圆形到近圆形的周期性变化是导致冰川产生和消退的原因，对冰期的成因提供了第一个言之有理的解释。克罗尔的杰出才能得

■ 图 1.13
詹姆斯·克罗尔(a)与米卢廷·米兰科维奇(b)

到人们的认可，因此也获得许多荣誉，并成为伦敦皇家学会和纽约科学学会的会员。

尽管克罗尔将日地运动与地球气候变化相关联的新观点为人们打开了思路，但是他的理论无法充分地对许多地质证据和气候现象进行解释。地球在太阳系中运动时，不仅绕太阳运行的轨道有变化，其朝向太阳一面的角度也会有规律地发生变化，所有的这些变

化都会对地球表面任何一处阳光照射的时间长短和强弱程度产生影响。几十年后,一位名叫米卢廷·米兰科维奇的塞尔维亚数学家、机械工程师对这个问题产生了兴趣,他发现克罗尔的理论并非不正确而是计算过于简单了。米兰科维奇完善并扩展了克罗尔的理论,建立了米兰科维奇循环假说。

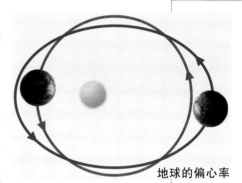

一般人很容易认为地球每年围绕太阳旋转的轨道是固定不变的,其实不然。根据牛顿的万有引力定律和开普勒的行星运动第二定律,地球的运动轨道有三种周期性的变化。

（1）地球公转轨道偏心率的变化

地球绕太阳公转的轨道在圆形与椭圆形之间变化,约 10 万年为一个周期。在此期间,轨道偏心率越小(接近圆形),四季变化相对较不明显,也不易有冰期的发生;反之,偏心率越大(接近椭圆形),则四季明显,也较易产生冰期。现代地球公转轨道的偏心率为 0.0167,正在以比较接近正圆的公转轨道围绕太阳运动。以 2007 年为例,1 月 4 日地球运行到最接近太阳的位置(近日点),7 月 7 日运行到离太阳最远的位置(远日点)。在近日点与远日点之间,来自太阳的日照量存在差异。现在近日点和远日点之间距离的差为 480 万千米,从地球整体的日照量来看,北半球的夏季比冬季少 7%。

（2）地球自转轴倾斜角度的变化

地球自转轴存在倾斜角度,倾斜角度在 21.5°—24.5° 之间变动,周期约为 4.1 万年。地球绕太阳运动时,地球自转轴倾斜角都朝着相同的方向,因此原先朝向太阳的半球会逐渐变成背离太阳的半球,反之亦然,这是造成季节变化的主要原因。哪一个半球朝向太阳,那个半球每天的日照时间就会比较长,并且阳光在正午时照射地面的角度越接近垂直,该地区在单位面积、单位时间内得到的能量也越多。

1万年前地轴倾斜角较大,约为24°,北半球高纬度地区因吸收太阳辐射的时间较长,气候温暖。现代地球自转轴倾斜角度为23.5°,且有减小的迹象。角度越小,极地接收的太阳辐射越少,使得当地的环境趋于寒冷化。

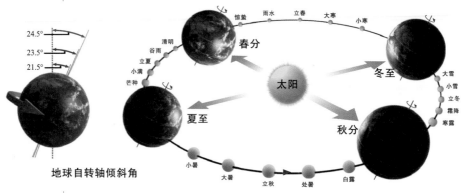

地球自转轴倾斜角

（3）地球的进动引起岁差

地球自转时像陀螺一样,地球自转轴会摇晃,这种现象被称为进动,地球自转轴的进动周期约为2.6万年。地球自转轴长期进动,引起春分点沿黄道西移,致使回归年短于恒星年的现象,称为岁差。岁差是地球公转和地轴运动相结合的结果,这种结合决定了"二分二至"（春分、秋分、夏至、冬至）时地球位置不是定点,而是在公转轨道上不断西移的动点。天文上的岁差是指春分点每72年沿黄道向西移1°,1万年前地球在近日点时北半球是夏季（近夏至点）,此时地球离太阳近并且日照时间长,地球表面得到的太阳辐射增多。1万年后的今天,近日点时北半球已经是冬季（近冬至点）。

地球在远日点时,若北半球倾向太阳,北半球的冬天温度将会相对较高;若因进动而导致南半球在远日点时倾向太阳,北半球的冬天将较为寒冷。又因北半球陆地多,比热小,温度容易下降,因而较容易形成冰期。由于这三个因素的影响,南北两侧高纬度地区的日照量会发生大幅度的变化。以北纬65°为例,过去60万年间的日照量的变动幅度在9%以上,而这也是导致地球进入冰期的原因之一。

■ 图1.16
地球自转轴的进动

距今26000年　　距今17250年　　距今11500年　　距今5750年　　现在

上述三种因素会综合影响地球表面的气温变化。例如,当地球在远日点且绕日运行的轨道愈趋近于椭圆形,地球自转轴倾斜角度达到最大值24.5°,且南半球倾向太阳,就可能发生极低温的情形。三个因素交错影响着地球表面的温度,每个因素的不同表现也让地球的气温变得更加不可预测。米兰科维奇认为,这些周期性的复杂变化与冰川的产生和消退存在一定的联系。由于这些周期性变化的时间跨度差别过大(约2万年到约10万年),要想确定它们在漫长时间段里的交叉点,就必须经过巨量又复杂的精心演算。在那个没有计算机的时代,仅凭借纸、笔和计算尺,米兰科维奇花了近20年光阴计算出,100万年来随着上述三种因素周期性的变化,太阳光在每一季节照射地球每一纬度的角度和持续时间。米兰科维奇通过仔细的计算,阐述了太阳光照量在北纬高纬度地区的季节性变化的时间序列,他指出北美洲和欧洲的冰盖可能在夏季太阳光照量减少时向前推进,而在夏季太阳光照量增加时后退。他还指出北半球的太阳光照量近1万年来逐渐减少。

地质学研究方法以观察、归纳为基础,由于地质学研究的对象复杂,时空跨度较大,所以每一个理论的提出都会引起激烈而又漫长的争论。1930年,米兰科维奇的著作《数学气候学与气候变化的天文学原理》问世。但是,当时检测年代的技术不完善,科学家没有足够的冰川年龄数据来和米兰科维奇精确计算得到的周期进行对比,使得米兰科维奇的理论没有得到普遍的认同。直到二战以后,美国芝加哥大学的化学家哈罗德·尤里利用海相沉积物中重氧(^{18}O)与轻氧(^{16}O)的比值重建过去的温度,物理学家威拉德·利比采用放射性同位素(^{14}C)测定4万年前生物遗骸的年代,才使得米兰科维奇的理论被广泛接受,他们的研究也为后世的科研工作提供了工具和平台。

就在米兰科维奇的著作《数学气候学与气候变化的天文学原理》问世的那一年,德国气象学家、地球物理学家魏格纳在格陵兰考察冰原时遇难。魏格纳去世30年后,板块构造学说席卷全球,人们终于承认了大陆漂移学说的科学性和正确性。由此可见,一些正确的理论往往会在发表之初因缺乏科学的手段加以证明而得不到认可,后期却又被当作信条来接受。但无论如何,人们至今还记得魏格纳、米兰科维奇的名字,记得他们毕生寻求真理、正视事实、勇于探索和不惜献身的科学精神。

■ 图 1.17
阿加西湖的湖水沿三条途径分别流入北冰洋、墨西哥湾和大西洋

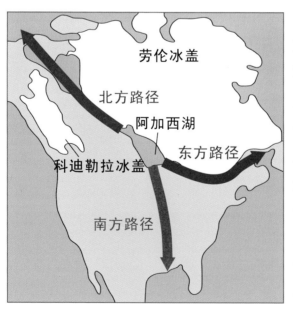

劳伦冰盖

北方路径

阿加西湖

东方路径

科迪勒拉冰盖

南方路径

1848 年,阿加西被哈佛大学聘为教授并移居美国,他继续调查北美洲大陆上残留的冰川遗迹,并对格陵兰进行了科学考察。尽管在此之前就有人通过地形地貌的调查发

现,在北美五大湖的西部曾经存在过巨大的湖泊,但却是阿加西最先将这个巨大湖泊的形成原因与地球历史上的末次冰期冰川消融联系起来的。由于阿加西的研究贡献,这个曾经存在过的融冰湖被冠以阿加西的名字。

距今1.3万年的阿加西湖的面积达44万平方千米,比现在的北美五大湖加起来还要大,超过现在世界第一大湖泊里海的面积(38.6万平方千米),接近瑞典的国土面积(45万平方千米)。阿加西湖在博令—阿勒罗德暖期(距今14700—12900年)出现过一次大泛滥,在此期间,由于地球表面温度升高,造成劳伦冰盖和科迪勒拉冰盖的持续融解,使阿加西湖的水位持续升高,导致自然形成的大坝崩溃。阿加西湖中的淡水一泻千里,一部分湖水向北进入北冰洋,一部分湖水向南从密西西比河流入墨西哥湾,还有相当多的湖水沿圣劳伦斯河进入大西洋。

阿加西湖的大量淡水突然流入海洋,导致海水盐度降低、比重下降,下潜环带中断,北大西洋地区得不到低纬度的热量输送,全球降温的冷期出现了,这就是新仙女木事件。该事件以在欧洲这一时期的沉积层中发现的北极苔原草本植物——仙女木而命名。

1.5 新仙女木事件——新、旧石器时代的分界

中学生在历史教科书中了解到,旧石器时代(距今约250万—1万年)是以使用打制石器为标志的人类物质文化发展阶段。但是很少有学生思索为什么新、旧石器时代的时间跨度差异如此悬殊。旧石器时代长达数百万年而新石器时代从1万年前才开始,很快就进入农业社会。这种巨变的驱动原因是什么?

新石器时代,这一名称是由英国考古学家卢伯克于1865年首先提出的。大约从1万年前开始,是以使用磨制石器为标志的人类物质文化发展阶段。新、旧石器的区别不仅是制作方法不同,更重要的是二者的使用功能有了本质的差异。打制石器(旧石器)主要适用于狩猎和采集的生存方式,磨制石器(新石器)则适用于农耕的生存方式。人类生存方式的突然改变,意味着当时的地球环境一定发生了突然的变化。

旧石器时代在地质年代上已进入第四纪。"第四纪"这个名称最早是意大利地质学家乔万尼·阿尔杜伊诺于1759年在研究河谷沉积物时提出的。第四纪的年代从约260万年前一直延续至今,在此期间,人类已经存在。第四纪基本上与最近的冰期(第四纪大冰期)相符,在这段时间里气候冷暖交替,不断变化,寒冷的冰期与温暖的间冰期交替出现。在寒冷的冰期,冰川可以一直延伸到南北纬

■图 1.18
寒冷的冰期和温暖的间冰期中北半球的冰雪分布图

距今2.1万年的冰期地球　　　现在的地球

40° 的地方。此时北美洲大陆的自然环境十分恶劣，多被巨大的冰盖（沉积在平原上千年不化的冰和雪）所覆盖。冰盖的厚度达上千米，向南延伸到现在的纽约。纽约中央公园中的一块巨石就是由劳伦冰盖从北方推过来的，这也是冰盖曾经延伸到北美洲大陆东岸北纬 40° 地区的有力证据。现在地球正处于间冰期，一些科学家预计地球将再次迈向冰期。

冰期和间冰期的温度变化给地球环境造成了重大的影响。第四纪大冰期的最后一次冰期被称为末次冰期，气候寒冷化使得积雪逐渐变为冰川，大陆地区冰川的体积约有 2500 万—3000 万立方千米。末次冰期在距今 26500 年至 19000 年温度降到最低，这一时期为末次盛冰期。全球年平均气温较今低 6℃ 左右，南极温度较今低 10—12℃，北极更是可能低 20℃ 左右。末次盛冰期时，地球陆地部分大约 24% 都被冰覆盖，而现代仅有 11%。高山及高纬度地区的冰川推进到最大范围，冰川体积最大时达到了 7000 万—8000 万立方

■图 1.19
末次盛冰期时太平洋
西海岸古海岸线分布图

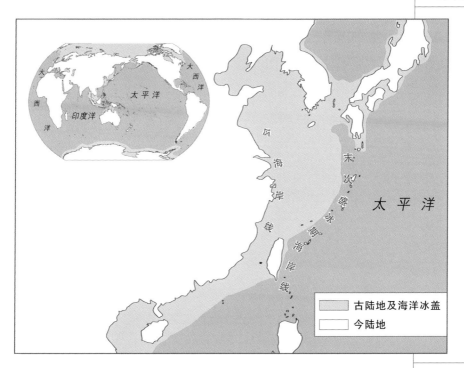

千米。大量的海水以冰雪的形式转移到陆地上,这意味着冰期的海平面比现在的海平面要低约 130 多米,今天被海水淹没的地方可能曾经是陆地。

那个时期,相当于如今的日本群岛和台湾岛的部位与亚洲大陆的部位互通,如今的大洋洲大陆(澳大利亚)和新几内亚岛相连,人们可以从"法国"步行到"英国"。有一支黄种人从欧亚大陆越过白令海峡到达北美洲,成为美洲原住民——印第安人。印第安人经过 2 万多年的演化,产生了许多不同的民族和语言,在历史上曾建立过 4 个帝国,最重要的是中美洲的阿兹特克帝国和南美洲的印加帝国。印第安人还发明过玛雅文字,对天文学研究的造诣也相当深,为世界提供了玉米、番薯、西红柿、烟草、可可等农作物的原始品种。

今天被海水淹没的一些大陆架,在冰期可能伸出海平面 150 千米。这些观点对我们了解现在的动物区系和植物区系的地理分布起到了至关重要的作用,并让我们再一次看到,气候条件是怎样塑

造地球表面环境的。

约 1.5 万年前地球气候开始变暖,北半球气温逐渐回升。两极、北美洲和欧洲的冰川开始消融,海平面逐渐上升,南北半球春暖花开,一片繁荣景象。这一时期在气候史上称为博令—阿勒罗德暖期(距今 14700—12900 年)。

博令暖期(距今 14700—14100 年)存在的证据来源于丹麦博令湖中的泥炭序列,故由此得名。在此期间,格陵兰气温快速升高了 10℃ 左右。由于冰川融化,海平面上升约 35 米。欧洲的温带森林大概位于北纬 29°—41°,动物从某些"避难所"开始向北扩张。在古代人类的狩猎营地遗址中发现了很多被人类猎杀的大型哺乳动物化石,如驯鹿、羚羊和猛犸象等。

博令暖期之后有一段数百年的冷期,称之为中仙女木事件(距今 14100—13700 年)。北欧主要是草原和苔原环境的交替。在潮湿地区、湖泊和溪流的周围,有桦树、柳树、沙棘等;而在河谷和高地,主要是白桦林。平原哺乳动物如偶蹄动物、猛犸象、棕熊等是最主要的物种。中仙女木事件是位于博令暖期和阿勒罗德暖期之间的一个短暂冰期,很快温度就回升了。

阿勒罗德暖期(距今 13700—12900 年),大西洋北部地区的温度升高到与现代接近的水平。欧亚大陆主要是常绿和落叶混合森林,而更靠南的地方主要是与今天类似的常绿林。欧亚大陆北部的人类仍处于狩猎聚集阶段。此暖期温度比博令暖期下降 4℃ 左右。

新仙女木事件(距今 12900—11700 年),是末次冰期向全新世转换、急剧升温过程中的最后一次非轨道尺度的急剧降温事件。格陵兰冰芯记录了新仙女木事件中当地温度迅速降低到接近冰期时的水平。此后,气温又快速升高了 9℃,进入了全新世的第一个暖期。在考古学中,这个时间框架与许多地区的旧石器时代晚期的最后阶段相吻合。新仙女木事件是一个气候复杂多变的时期,在南半球和北半球的一些地区,如北美洲东南部,气温略有变暖。新仙女木事件是研究生物群(包括人类)对气候突然变化的反应的重要时期。

新仙女木事件开始时气温迅速下降,结束时气温又迅速上升,降温及升温的时间只有几十年甚至十年,因此被称为气候突变。它

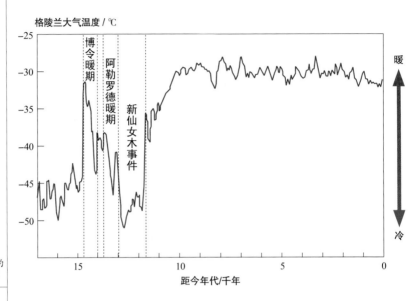

是由于全球海洋中的热盐环流关闭所致。气候史上的"新仙女木事件"是一个重要的时间节点,这个冷期事件在距今 1.17 万年左右突然结束,之后气候变暖,进入温暖的全新世。

第二部分

播时百谷

农业文明的起源

2.1 第四纪冰期的人类世界

2.1.1 冷暖不定的第四纪冰期

7000 万年来,全球逐渐变冷。从图 2.1 可以看出,温度不是直线下降,而是呈振荡式下降,高纬度地区的海水温度约下降了

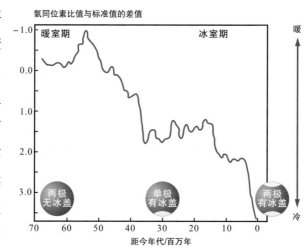

15℃。5000 万年前,地球是一个高温的无冰世界。3000 万年前,南极大陆出现冰盖(南冰洋的海底地层中已发现当时的冰运碎屑),地球成为单极有冰的世界。200 万年前,北极地区出现冰盖,至今地球仍是一个两极有冰的世界。

258 万年前的上新世与更新世之交,是新近纪进入第四纪的过渡期,与人类的出现和发展关系最为密切,也是气候由"暖室"向"冰

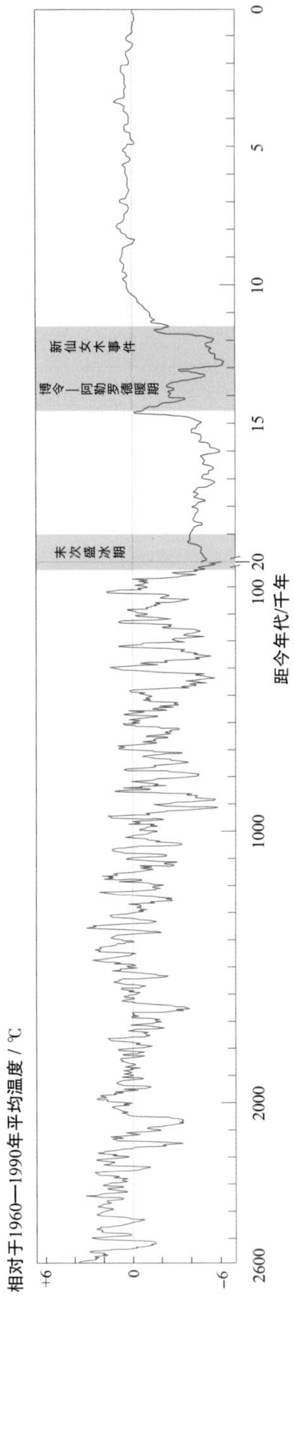

室"的转折期,此后全球进入了冰期和间冰期交替出现的气候模式。

第四纪的冰期—间冰期旋回可由深海氧同位素记录很好地体现出来。这些冷暖交替的阶段就被称为深海氧同位素阶段(Marine isotope stages,MIS)。偶数阶段通常具有较高的 $^{18}O/^{16}O$ 比值,代表着寒冷的冰期,而奇数阶段(较低的 $^{18}O/^{16}O$ 比值)则为较温暖的间冰期。

这些冷暖旋回变化的温差平均可达 5℃,在北半球和南半球的高纬度地区,甚至可以达到 15℃。冰期极盛时,世界陆地面积的三分之一被冰川覆盖,使海面下降约 150 米。北半球高纬度地区形成大陆冰盖:格陵兰冰盖覆盖了格陵兰和冰岛;劳伦冰盖覆盖了整个加拿大,并向南延伸至美国的纽约、辛辛那提一带;欧洲将近一半地区被斯堪的纳维亚冰盖所覆盖;西伯利亚冰盖则占据了西伯利亚北部地区。中国的现代冰川主要分布于青藏高原、天山、横断山脉和川西的一些高海拔山区,总面积约 5 万平方千米。

过去 40 万年的地球表层温度变化与将来的预测温度变化有大约 10 万年的周期,这种周期性变化是由大约 1 万

■ 图 2.2
第四纪冰期的温度变化曲线

年的温度急速上升期与其后大约 9 万年的缓慢变冷期构成的。英国文艺复兴时期最重要的散文家、哲学家弗朗西斯·培根说过"读史使人明智",我们研究地球表面的气候史,根据过去的气候变化形势来预测未来的气候变化趋势,由此推断地球未来的气候将趋向寒冷,为此我们人类社会要提前应对。

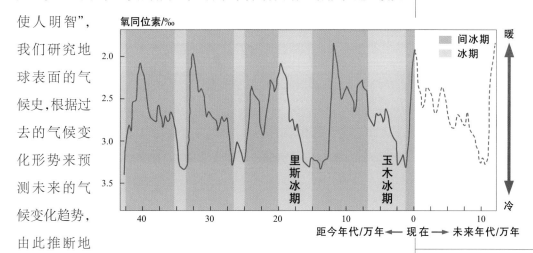

2.1.2 第四纪生物界的面貌和人类的进化

第四纪生物界的面貌已很接近于现代,哺乳动物的进化在此阶段最为明显,而人类的出现与进化是第四纪最为重要的事件之一。如果时空穿越到 200 万年前的非洲,我们会看到一些类似人的生物,他们已经具备了人的特征:能制造工具,能直立行走,也有喜怒哀乐,但脑容量较小,头部还保留了较多的原始特征。这些远古人类和一般动物比起来并无特别之处,对环境的影响也不见得比黑猩猩、狒狒来得多。万万没想到的是,他们的后代竟然在某一天能登上月球,分裂原子,解析基因。

这些远古人类生存在 200 万年到 20 万年前,属于地质学上更新世早期到更新世晚期前段,相当于考古学上的旧石器时代早期。这段历史时期占人类历史的 90% 以上。更新世是地球上气候发生剧烈变化的时期,北半球的高、中纬度地区以及低纬度地区的一些高山,在这个时期出现过大规模的冰川活动。冰川的前进和退缩,形成了寒冷的冰期和温暖的间冰期的多次交替,并导致海平面的大幅度升降、气候带的转移和动植物的迁徙或绝灭。这些事件对早期人类文明的发展产生了巨大的影响。

第四纪冰期和间冰期的冷暖循环,使地表环境不断改变,热带森林、草原和沙漠的扩大或缩小,迫使物种重新分布,循环的气候变化加速了生物进化的进程。如果一块块彼此孤立的森林、草原造成了食物采集存在距离的问题,那么为了寻找食物和避开大型食肉动物的伤害,栖息地上的生物需要一种适应机制。对原始人类而言,物竞天择的压力迫使其学会直立行走,继而快速行走,最终能奔跑起来,从而提高在不断改变的新环境中进行狩猎和采集的能力。

直立人的出现标志着人类的史前时代在 250 万年前经历了又一次巨大的变化,并随着 180 万年前更新世大冰期的到来而进一步加剧。气候变化加速了人类生物和文明的变革,直立人所具有的一系列进步性特征又拥有了自身适应性。因此,直立人不再像他们之前的那些人科成员那样仅仅在非洲的原野上徘徊,而是在后来的岁月里顽强地走出了非洲,散布到亚洲的广大区域以及欧洲的许多地区。北欧的森林白雪皑皑,印度尼西亚的热带丛林湿气腾腾,因此,身处不同地理环境的人类,也随所处的气候环境的变化朝着不同的方向进化。

于是人类进化出了几个不同的物种,人类学家也为每一物种取了具有一定规则的拉丁名称。从同一祖先演化而来的不同物种,被归为同一个"属"(Genus),例如狮子、老虎和豹虽是不同物种,但都是"豹属"(Panthera)。生物学家用拉丁文为生物命名,每个名字由两个词组成,第一个是属名,第二个是种名,例如狮子称为"Panthera Leo",指的是豹属(Panthera)的狮种(Leo)。没有特殊说明的情况下,每位正在读这本书的人都应该是一个"Homo sapiens",意思是人属(Homo)的人种(sapiens)。

在欧洲和西亚出现的尼安德特人（Homo neanderthalensis），1856年被发现于德国尼安德特河谷。尼安德特人是现代欧洲人祖先的近亲，从12万年前开始，他们统治着整个欧洲、亚洲西部以及非洲北部，但在约2.4万年前，这些古人类却消失了。在印度尼西亚的爪哇岛居住着梭罗人（Homo soloensis），在东亚居住的则是直立人（Homo erectus），中国境内的直立人主要有元谋人、蓝田人、北京人、汤山人等。

上述的几个人种在欧洲和亚洲不断进化的同时，其他人种在东非的演化也没有停止，人类的摇篮继续养育着许多新人种，例如鲁道夫人（Homo rudolfensis），最后还有我们现代人，我们毫不客气地将自己命名为智人（Homo sapiens），意即明智的人。在这些人种当中，有的高大，有的矮小；有的会凶残地捕猎，有的会温和地采集食物；有的居住在某个岛屿上，而大多是在整个大陆上不断迁徙。他们不断调整自己来适应环境和气候的变化，他们都是"人科"，也都是人类。

200万年前到1万—2万年前，地球上同时存在着不同的人种。智人和尼安德特人曾经在地球上并存。

■ 图2.4
从猿到人的进化过程

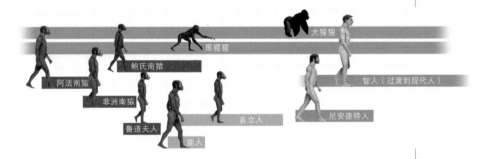

有很多人错误地以为人类的发展是呈线性的，每个时间点上只有一种人类。最先是南方古猿，然后是能人、直立人，直立人再演变为智人，最后智人过渡到现在的现代人。事实是，在6万年前的地球上，人类就像其他动物一样存在着不同种类。智人是人科大家庭中的一个成员。人科不仅成员众多,而且是一堆爱吵闹的巨猿,其中黑猩猩与智人最为接近。在 25 万年前,有一头母猿产下了两个女儿,一头成了黑猩猩的祖先,另一头则成了所有人类的祖母。

2.1.3 人类智慧的产生和智人征服世界

尽管地球上曾经存在过的人种各有不同,但是他们有几项共同的人类特征。首先,人类用两条腿直立行走,能够站起来看到更远的地方。空出来的手可以发挥其他的用途,比如抛石块和用手势表达信号。手能做的事越多,说明人应对大自然的能力越强。其次,人类的手能够处理精细的事务,能够制造和使用复杂的工具,这也是考古学家对远古人类的一种判断标准。人类四肢的分工是动物进化的一种极大的进步,特别是手掌和手指的灵巧动作进一步促进了脑神经的发展。再则,最重要的是人类的大脑明显大于其他动物。对体重 60 千克的哺乳动物来说,平均脑容量约为 200 立方厘米;但是 200 万年前在非洲出现的远古人类,其脑容量就达到了 600 立方厘米;至于 6 万年前的智人,脑容量更高达 1200—1400 立方厘米。

然而,人类的站立和头部的增大也带来了一系列问题。从原本四肢行走、头部相对较小的骨架,逐渐演变成直立并且还要撑住一颗较大头骨的骨架,这就造成现代人类必须面对腰背和颈椎的病痛。直立行走的方式造成女性的臀部变窄,脑容量的增大却使婴儿头部变大,如此一来,女性人类分娩的死亡风险大大增加。于是自然选择和淘汰就使婴儿的生产期大大提前。

与许多其他动物比较,就可看到小生命刚刚降生时的差异。马、牛、羊等动物幼崽刚出生不久就能够自行活动,人类的婴儿出生后得经过几百天的精心护养才能够站立。从这个角度来看,人类的婴儿可以说都是"早产儿"。由于人类出生时发育不完全,与其他动物相比,人类的婴儿在成长过程中的可塑性大大增加。大多数哺乳动物幼崽脱离母体时,就像已经上釉的瓷器出了窑,很难再对它们做调整。而人类的婴儿脱离母体时,却像刚从炉中拿出的一团熔化的玻璃,可塑性极高。因此,也更容易调教和受到社会的影响。人类从婴儿到成人的成长过程,受环境变化和教育方式的影响,结果的差异会很大。

非洲荒野中的一头母狮可以带着几头幼狮四处行走,可是女性人类带着刚出生的婴儿却没有这样自在。一个女人带着不能自理的婴儿,很难为自己和婴儿取得足够的食物,必须有其他人类成员持续提供协助才能生存。由于养活后代需要部落成员共同努力和相互协助,人类逐渐形成有强大社会关系的种族。

人类的智力发展产生了从周围环境中获取信息的能力。人类从信息中学习,并将其储存在大脑皮层中以备日后使用。回忆已存储的信息,并处理其和新信息的关系,应对外界环境引发的新问题,需要人类进一步发展认知能力。每个新问题都对进化中的人类构成了独特的挑战。

一个主要理论表明,智人中的一小部分于约 10 万年前离开非洲,首先到达欧洲,然后是亚洲。智人不仅在地理范围上不断推进,还在技术和文化上开拓进取。智人制造了带刺的矛和骨针,还在洞穴内壁上刻画了栩栩如生的壁画,在象牙上雕刻了动物的形态。他们埋葬死者,进行小规模狩猎,或者捕猎大型哺乳动物,还采集可食用的坚果和浆果。

智人作为单独的人属物种在走向世界的进程中,与其他人属物种的竞争不断加剧,并与恶化的冰川气候交织在一起压垮了尼安德特人。大多数人认为,在距今 7 万到 3 万年间征服世界的进程中,智人的认知能力有了突飞猛进的发展,这就是所谓的认知革命。具有更强信息沟通能力的智人发展出有凝聚力的社会组织结构,使尼安德特人相形见绌。尼安德特人的灭亡和冰期最后一次大扩张同时发生,反映了尼安德特人不能发展出有凝聚力的社会结构,从而在竞争中输给了智人。在寒冷冰期的气候压力下,日益减少的物质资源和食物供应迫使智人撤退到更温暖的气候环境之中。随着北半球冰川的延展,欧洲的气候在 2.8 万年前进一步恶化,智人撤离他们熟悉的家园,迁往意大利南部、巴尔干半岛、高加索地区以及伊比利亚半岛。随着气候变得越来越寒冷,尼安德特人种群的数量不断

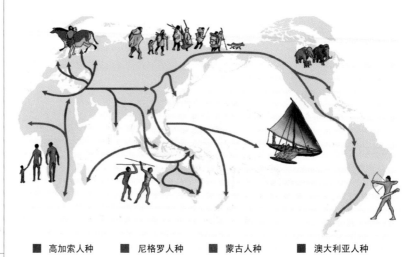

■ 高加索人种　　　■ 尼格罗人种　　　■ 蒙古人种　　　■ 澳大利亚人种

■ 图 2.5
10 万年前,智人走出非洲,征服世界

减少,最后在地球上消失了。智人扩展了自己的居住范围,永远取代了尼安德特人,尼安德特人再也回不来了。

2.2　气候冷暖对人类生活方式的影响

到了农业革命前夕,地球上的狩猎采集者有 500 万到 800 万人,他们有丰富多元的种族和文化。地球上分布着几千个不同的独立部落,也有几千种不同的语言和文化,而这些语言和文化正是认知革命的结果。遗憾的是,我们对那些狩猎采集者祖先的生活了解得远远不够。考古学家通常从遗址中保留的遗迹推断他们的生活状态,那些易保存的骨骼化石和石制器物是考古故事的主要对象,而易腐烂的皮革、木头、竹子等材料往往很难进入大众的视野。所以"石器时代"这一名词,表明大自然留给考古学家的研究对象有限,同时这一名词也给我们带来误解。

在大多数狩猎采集者的部落居住地,智人的生存状态都是见机行事,有什么吃什么。他们采集野果,也追捕动物。其实智人的生活方式应该是以采集为主,这不仅是他们主要的食物来源方式,还由此获得了燧石、木头、竹子等原始物料来改善自己的生活。

智人在采集食物和生活物料的同时,还获取了必要的"知识"。为了生存,智人需要了解其居住地及附近地区的特点。他们不但要了解各种动物的生活习性,还需要了解各种植物的生长状态。他们对所采集的食物做比较,了解哪些营养丰富、对自己更有利,哪些有毒,哪些能治病。他们不断观察大自然,了解季节变化,知道风雨将至或干旱将临。他们还会细查附近的河流和山林,了解周边可利用的自然物产。如果智人时代就有文字将这些不同地方的差异记录下来留给后人的话,那就是最早的地理学,地理学的源头就不会仅仅追溯到古希腊,而要古老得多了。

换言之,采集者对他们周边环境的了解远比现代人更深刻、更多样。就整体知识结构而言,现代人的所知远超过那些智人,但在个人生存技能和生存知识层面,远古的采集者则是有史以来最具备多样知识和技能的人类。他们不仅仅了解自己周遭的动物、植物等各种事物,也了解自己的身体并具有敏锐的感官。他们会分辨周边细微的声响,防止自己受到外物的伤害。他们会仔细观察周围的环境,找到自己需要的食物。他们以灵敏和有效的方式活动自己的身体。那个时代生存下来的人,往往具有高超的心智和强壮的体魄,不像现代社会,人类靠别人的技能和资源也可以生存,即便是低能和懒惰者也能有生存空间。

在更新世晚期的末次冰期的最寒冷时期,即末次盛冰期,气温的降低使一些独立的小规模部落扩大了他们狩猎和采集的范围,从而演变出了更为复杂的觅食能力。可被猎食的大型动物日益减少,觅食者将目标转向鹿、野兔、地鼠和鸟类等小型动物。觅食对象的改变,促使觅食者逐渐调整狩猎的方式并改进工具,从投射的石块和长矛演变成弹射的弓箭。

由于觅食范围的扩大和能力的增强,智人可获得的食物总量和多样性大大增加。这一觅食方式的变革时期被考古学家命名为"广谱革命",这也是一场由气候和环境变化造就的远古时代的经济变革。这场变革的后期,持续增加的食物供应导致人口越来越稠密,以致于需要更多的人参与到狩猎、采集、储存和加工食物的过程中来,很快便造成了可获取食物对象减少和人口稠密度增加的困境。人类维持生存的捕食劳动量持续增加,但回报却越来越少,导致了人类历史上这一阶段的终结。

2.3 气候冷暖的变化促就人类从移动到定居

末次盛冰期是一个非常关键的气候时期,是 2 万年来距现代人最近且与现代气候有着巨大反差的时期。高山及高纬度地区的冰川推进到最大范围,北美洲的冰川面积占比高达 60%,冰盖厚度可达 3 千米,一些地区冰盖扩延到北纬 40° 以南。欧洲和西伯利亚也有巨大的冰盖。末次盛冰期时,加勒比海、非洲和美洲的赤道地区、亚洲东部、大洋洲等地区要比现代干旱,北美洲西南部、安第斯山区和赤道附近的太平洋岛屿比现代更湿润。这些特征反映了末次盛冰期大气环流的变化。末次盛冰期时,在欧亚大陆和北美洲的中纬度地区是大片的草原和荒漠,而不是现在的阔叶林;北纬 50° 以北是苔原,而现代分布的是泰加林。东亚地区大面积的亚热带植被退缩至北回归线以南,温带森林向南退缩可能达 500 千米以上。

末次盛冰期之后,冰川开始消融、退缩到消亡,这一时期被称为末次冰消期,是从末次盛冰期向全新世过渡的一个地质历史时期,覆盖在北美洲大部分区域和欧洲西北部的冰原开始后退。由于冰川融化,全球海平面上升 110—125 米,大量融水的侵蚀对原来冰川的边缘地带的地形具有重塑作用。植物也进入到原来冰川存在的地区,并且由于土壤的形成和温度、降水量的变化,这些地区逐渐形成了新的植被分布。

一般认为,人类开始农业的契机有人口增加和气候变化两个原因。在末次盛冰期结束后,大约 15000 年前地球开始升温,世界人口的总数急剧增加。据推测,在末次盛冰期中,全世界原本只有 200 万到 300 万人,到了阿勒罗德暖期,全球人口增加到 850 万人。如果以狩猎采集的方式为生,在自然环境不是特别丰饶的条件下,要让一两个人生存下去,就需要约 1 平方千米的土地。按照这一标准,地球上的土地已经满足不了人类的需求。

温度上升延长了种植季节,丰富的野生植物吸引着觅食者并促使他们定居下来。一旦觅食者储藏了丰富的食物,他们就会安顿下来,减少迁徙。种植季节越长,他们定居在该地的时间也越长。除选择最具营养价值的植物食用,他们在不经意中将生物质以废物的形式添加到土壤之中,连同排泄物一起改变了植物和土壤的基因构成。通过自然选择的养殖活动可能是早期人类行为的偶然结果。

一些野生植物可能因基因突变进化为可栽种植物,觅食者在选择自己青睐的植物时,有意无意地进行了人工选择。例如,觅食的人们会寻找并留下便于食用的优良品种,清理掉不需要的植被。人类可能自很久远的过去就开始播撒种子,并有意识地进行农耕活动。他们不断地寻找可食用的植物,选择其中的优良品种进行播种。早期的狩猎采集者可能被一些特定的野生植物吸引,一些可食用蔬菜,如葫芦和辣椒,就是吸引他们进行栽种的植物。

人类定居也进一步促进了劳动力的分化,比如,有人利用研磨石的知识来制作研磨体、研磨棒、种子磨盘以及石质切割工具。冰消期后的温暖时期,在欧亚大陆存在大量的季节性定居人群,且在气候变化、人类定居和野生植物大范围分布之间存在清晰的纽带关系。这种关系特别存在于农业扩展早期阶段的亚洲西南部地区。

史前气候的信息来源于冰芯、深海岩芯中的氧同位素记录,湖泊孢粉芯的陆地植被重建,考古生物记录和考古遗址中的孢粉记录。对亚洲西南部地区的气候可以得出以下结论:

① 末次盛冰期(距今 22000—16500 年),整个亚洲西南部地区气候干冷。

② 降水从距今 16500 年开始缓慢增加,距今 14500 年增速加快,并于距今 13500 年左右在南黎凡特达到最高值。

③ 在新仙女木事件(距今 12900—11700 年),降水减少。

④ 约 11500 年前,又恢复到多雨的状况,早全新世的北黎凡特

和安纳托利亚是非常潮湿的。

⑤ 末次盛冰期之后直至中全新世,海平面的逐渐上升使黎凡特地区平坦的沿岸沙地减少,减少的沙地宽 5—12 千米,长约 500 千米。由于地中海沿岸带水生资源稀少,海平面的上升可能影响到觅食区域的大小,并且采集来的海贝还经常被用作装饰。

相对于 1960—1990 年平均温度 / ℃

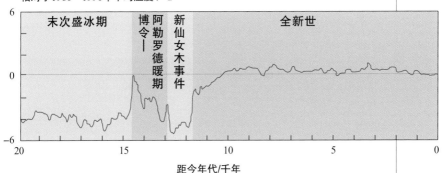

1928 年,世界上第一位女考古学家多萝西·加罗德在地中海沿岸的卡尔迈勒山(位于今以色列西北部,其东侧为海法港)周围进行考古发掘。在勘查那些 5 万年前人类曾居住过的岩洞时,发现了一具大约埋葬于 1.2 万年前的男性尸骨。他蜷曲着身体,头戴一条装饰有管状贝壳的饰带。尸骨的特征非常鲜明,加罗德相信自己发现了一个新的民族——纳吐夫人。随着发掘的深入,加罗德还发现了一件带有骨头手柄和燧石刀刃的工具,刀刃表层还残留着一层植物积垢,经分析,那是一种禾本科植物——今天小麦的野生祖先留下的。显然,这是一把镰刀。

考古学家对该地区的遗址和墓葬进行发掘,研究了其中的骨器、研磨石器等工具,在此基础上定义了纳吐夫文化(距今 15000—14500 年)的概念。纳吐夫文化持续吸引着考古学家们的关注。考古学家进行了一系列遗址的发掘,揭露了半地穴式房址,据此将这个遗址解释为一个村落的遗存。一系列的考古发掘为我们提供了大量的新数据。这些信息使人们认识到,纳吐夫文化起源地位于黎凡特中心地区(图 2.7),纳吐夫人是定居的觅食者,可能在新石器时代早期农业团体的出现,甚至在农业革命中扮演着主要的角色。

地中海沿岸的黎凡特地区,南北长约 1100 千米,东西长 250—350 千米,从土耳其境内的托罗斯山脉南麓延伸到西奈半岛,其间包含着多种地形:一块狭长的沿海带、在两条并列山脉中的一条裂谷、被许多小溪流切割的一块东向高原。这个地区有显著的季节性,冬季湿冷,夏季干热。西来的季风将地中海的湿润空气推送至南黎凡

■ 图 2.7
黎凡特地区已知纳吐夫
村落、半定居和狩猎采
集者族群的分布图

特地区,在年降水量达到 400—1200 毫米的地中海沿岸地区,覆盖着林地和稀树草原植被,而灌木、草原和耐旱植被的组合则覆盖了年降水量低于 400 毫米的区域。在三大植被带中,以地中海沿岸的资源最为富饶,有 300 多种可食用的水果、种子、叶子和块茎植物。生物多样性从地中海沿岸核心区域向内陆逐步衰减。因此,地中海沿岸的植被组合,使地中海沿岸具备最佳的承载力,史前主要的定居族群沿着这条地带出现,是受其地理自然环境的影响。

2.4 为什么农业最先出现在西亚地区和中国

距今 1 万年,人类生活方式的最大变革就是由狩猎采集者变成了食物生产者。人们定居在一个地方,主动种植(养殖)、食用各种驯化了的动植物,而不再被动地依靠自然界提供的各种动植物。这种主动生产食物的生活方式相对于狩猎采集的优势是巨大且明显的,人们的食物来源更加稳定,能够支持更多的人口。而且每个人能够生产多于他自己所需要的食物,使得整个社会能够供养一批不再需要专门从事劳动的人:君主、官僚、祭司、工匠等。这些不需要专门从事体力劳动的人,就是人类文明的基石。

一个主动生产食物的社会比由狩猎采集者组成的社会有更多优势:更多的人口就具有更强大的扩张能力;不同阶层的人就构成了更复杂的社会;不同的分工能够促进生产力的提高,也使产品更精细化;知识分子和祭司发明并宣传哲学或者宗教理论,增强了社会的凝聚力。这些都是由狩猎采集者组成的社会做不到的。

一个地区要想主动生产食物需要很多条件,在特定的条件下,人们只能通过狩猎、采集维持生存。而要想独立发展出主动生产食物的技能,人类对自然环境的要求就更加苛刻了。按照考古学的成果,全世界没有争议的独立发展出农业的地方只有以下几个:西亚、东亚的中国、大洋洲的新几内亚岛、中美洲的墨西哥、北美洲的东部。其中,完全进入农业社会的只有中华文明和苏美尔文明。今天,这两个农业起源地或其继承者、衍生者,依然是世界上的政治经济大国。农业革命对世界各地的影响程度由此可见一斑。

为什么只有中国和两河流域的文明独立地完成了农业革命?农业革命的产生首先要求一个地区有足够合适的物种供人类驯化作为食物。所谓合适的物种要满足两个条件:第一,植物的种子或根茎(或者动物的体重)必须足够大,能够给人们提供足够的食物;

第二,这些物种必须能够适应各种环境,从而能够给人们提供稳定的食物来源。我们现在来看一看全球符合这个标准的动植物的种类数量及分布。植物方面,我们列出每个种子重量在禾本植物种子重量中值 10 倍以上的禾本植物在世界各地的分布:

地　　区		分布数量		合　　计
西亚、欧洲、北非	地中海气候带	32	33	
	英国	1		
东亚(主要是中国)		6		
非洲撒哈拉沙漠以南地区		4		56
美洲	北美洲	4	11	
	中美洲	5		
	南美洲	2		
澳大利亚北部		2		

仅就世界上最多的可供人们挑选驯化的植物种类分布而言,两河流域和中国成为全球最早开始农业革命的地区实在是太正常了。除了驯化植物,人们还驯化动物,驯化动物对农业文明的促进作用一点不比驯化植物小。家畜能够提供人力以外的动力,对交通、耕作效率的提高有特别大的作用,也能够为农业提供肥料,还能够给定居的人提供稳定的动物蛋白来源(肉类和乳类食物)。

被驯化的动物绝大多数是体重 100 千克以上的大型哺乳动物,人们也驯化小型哺乳动物(例如狗)作食物或者打猎时的助手,驯化昆虫(例如蚕和蜜蜂)提供衣、食。但是,人类驯化的最重要的动物还是大型哺乳动物,因为这些动物是食物和动力的主要来源。因此,我们列出大型哺乳动物的种类、数量及其分布(因为动物比植物更容易传播,所以我们只列出较大范围的分布):

地　区	欧亚大陆	撒哈拉以南的非洲	美洲	澳大利亚
分布数量	72	54	24	1

■ 表2.2
世界大型哺乳动物的
分布

　　由此,不难发现欧亚大陆相对世界其他地方拥有的资源优势。除了更多的植物种类,这两个地区也有更多的动物种类供人类选择驯化,所以这两个地方最早完成对农作物和家畜的驯化而进入定居的农业社会。

　　除了可供驯化的动植物种类,气候特点也是一个要考虑的因素。欧亚大陆西部特有的地中海气候带究竟具有什么样的有利条件呢?

　　野生动植物品种繁多的新月沃地属于地中海气候带,欧亚大陆西部显然是世界上属于地中海气候带的最大地区。在地中海气候带中,欧亚大陆西部的地中海气候带的气候变化最大,每一季、每一年气候都不同。这种气候变化有利于植物群中数量特别众多的一年生植物的演化。在世界上几千种野生禾本科植物中,将其中种子重量最大的56种在世界各地的分布情况列成表格(见表2.1)。这些禾本科植物种子比中等的禾本科植物种子至少要重10倍,并且几乎都是在地中海气候带或其他干旱环境中生长的。此外,它们又都集中在新月沃地和欧亚大陆西部地中海气候带的其他一些地区,从而使最初的定居者有了巨大的选择余地,可以从全世界56种最有价值的野生禾本科植物中的32种中选择。特别是在这56种作物中,新月沃地最早的两种作物——大麦和二粒小麦,在种子大小方面分别列第3位和第13位。

　　天时地利造就了这一地区拥有众多可供驯化的野生动植物,农业社会的起源发生在这一地区也就理所当然了。

2.5 全新世的农业传播

博令暖期之后,地球表面经历了近千年的新仙女木事件。在考古学中,这个时间框架与许多地区的旧石器时代晚期的最后阶段相吻合。此后,气温又快速升高了约9℃,进入了全新世。

从最早的植物栽培过渡到农业革命的过程是渐进、漫长的原始农业阶段。在西亚,这一阶段从约公元前9500年起,至公元前7500年结束;在美洲大陆,这一阶段则更长。中美洲的特瓦坎山谷是美洲大陆最早的植物栽培中心之一,那里的原始农业从公元前7000年前后开始。据估计,公元前5000年,当地印第安人从以玉米为主的植物栽培中获取的食物,仅占他们食物的10%。到公元前3000年时,该类食物也只占食物获取量的三分之一。直到公元前1500年前后,印第安人用玉米和其他植物杂交,使其产量大大提高,玉米才成为当地人食物的主要来源,并完成了从原始农业到农业革命的过渡。

从西亚和中美洲这两个已经初具规模的农业发源地,再结合中国北部地区现在能确定的农业发源地来看,人类的新生活方式逐渐传播到全球各地。早期农业因为植物栽培时断时续,经常要转换地方,导致效率较低。早期农业中,一块土地在开垦、种植若干年之后就得放弃,让它在8年、10年,甚至更长的一段时间里处于自然生长状态,以恢复土壤的肥力。早期农业的这种粗放性,使得被放弃(即休耕)的土地与正在种植的土地的比例在任何时候总是处于5∶1到10∶1之间。这一点再加上人口不断增长,就迫使人类必须不断地进入新的区域。因此人类不断地"脱离"原来的农业居留地,进入食物采集者比较稀少的地区。农业就是通过这种方式从其发源地向四面八方传播,早期农业的低效率也促进了这一传播过程。

不过农业在这一阶段还远没有推广到全球各地。哪些地方的农

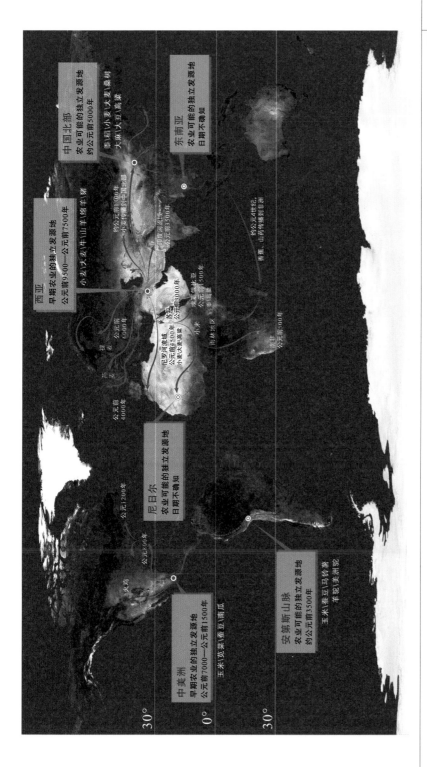

■ 图 2.8
全新世的农业传播路线

47

业出现得早些,哪些地方的农业出现得较晚,哪些地方根本没有农业,完全由各不相同的当地环境所决定。在亚非沙漠带和北极地区,由于显而易见的原因,农业根本不可能产生。在非洲、美洲的部分地区及整个澳大利亚,由于地理隔绝造成的闭塞和不利于种植业的自然环境,农业也很不发达。在中欧和西欧等其他地区,由于那时还没进入铁器时代,没有容易制作且有效的工具,茂密的森林成了难以逾越的障碍,农业的出现也因此被推迟到了很久之后。而当铁斧取代石斧之后,清理森林的工作变得容易,从而使植物栽培的区域被大大扩展,不仅从地中海沿海地区扩展到欧洲内陆,而且从印度河流域扩展到恒河流域,从黄河流域扩展到长江流域,从非洲的大草原扩展到热带雨林地区。

从图 2.8 中可见,地球上独立产生农业的地区有多个,但是农业传播的主要路线是从西亚到欧洲、北非、埃塞俄比亚、中亚和印度河流域;从尼日尔到东非和南非;从中国北部到东南亚、朝鲜和日本;以及从中美洲到北美洲逐步扩散。此外,来自其他发源地的一些作物、牲口和技术,让农业发源地的农业生产变得更加丰富了。农业生产从西亚向外传播的速度远比美洲和非洲快,这种现象还得从全

■ 图 2.9
全球各大陆的轴向分布

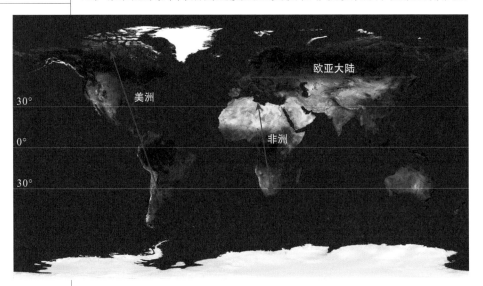

球的地理环境分布来找原因。

从全球各大陆的轴向分布图（图 2.9）上可见，各大陆的形状和轴线走向有着明显的差异。美洲的主轴线是南北向的，跨度几乎从北纬 60° 到南纬 60°，长约 14000 千米。非洲的情况也是如此，只是程度不同而已。而欧亚大陆的主轴线则是东西向的，从最西侧的葡萄牙到西亚，经过中国，再到最东侧的日本，东西轴向距离达上万千米，却几乎沿着纬度相近的东西向地带分布。

位于同一纬度带的东西两地的气候条件、水热状况较为相似，昼夜长短和季节交替变化也相似，因此植物分布有很大的一致性。在各个大陆上，被称为热带雨林型的动植物生态环境都位于赤道南北大约 10° 之内，而地中海型低矮丛林的动植物生态环境则是在北纬 30°—40° 之间。在早期农业社会，农作物在原产地培育、驯化的过程中，自然选择对它们的基因遗传做好了安排，植物的发芽、生长和抗病能力完全适应了当地的气候特点。原产地的昼夜长度、温度和雨量的季节性变化，成了促使种子发芽、幼苗生长、开花、结果的信号。由此可见，农作物在同一纬度地带的快速传播是顺理成章的，而大尺度跨纬度的传播则有悖于天时地利了。

我们日常生活中熟悉的那些瓜果蔬菜，有许多名称都带有"番""西""洋""胡"等字，它们几乎都是外来农作物沿同一纬度带传播的结果。市场上卖的西红柿、番薯、洋葱、西瓜、核桃（又称胡桃）、大蒜、卷心菜等瓜果蔬菜都是外来的品种，但如今的食用者很少知道黄瓜和香菜的来历。黄瓜也称青瓜，原产于印度西北部，后传入中亚，西汉张骞出使西域时传入中国，称为胡瓜，东晋十六国时的后赵皇帝石勒忌讳"胡"字，汉臣襄国郡守樊坦将其改为"黄瓜"。香菜，最早叫胡荽，原产地为地中海沿岸及中亚地区，也是张骞出使西域时带回中国的，仍是那个后赵皇帝石勒忌讳"胡"字，故改称其为"香荽"。

对于农业在各地区间传播的详细情况,现在了解得还很不够。农业大致是以西亚为中心沿纬向传播。在中国,小麦和大麦是在公元前 1300 年前后从西亚引进的。不过最近有研究表明,早在那以前中国人就已经驯化了当地生长的植物,并已有了 3000 年的栽培史。中国人栽培出的植物包括现代中国南部地区常见的水稻和茶叶,以及中国北部地区的黍、高粱和大豆。其中最有中国特色的要算桑树,它的叶子可被用来养蚕;还有漆树,它可被用来制作漆器。

农业在世界范围内的传播,促使人们去培植能够适应各种环境的植物。小麦和大麦是西亚种植最为普遍的作物,但是当人们向北迁徙时,发现这两种作物的生长情况却不及裸麦。裸麦原是播种小麦和大麦时无意间混入其中的一种杂草。因此,人们在中欧就开始用裸麦代替小麦和大麦。当人们进一步朝北迁徙时,类似的情况又发生了——在那里,燕麦的生长情况比裸麦好,于是燕麦又开始成为主要作物。

与之相似,农业向非洲撒哈拉沙漠以南的地区传播,促成了人们对当地生长的黍和稻的栽培;而向地中海沿岸的传播,则使得橄榄树成了提供食用油的重要来源之一。伊朗高原和印度西北部的农业实质上是一种西亚类型的农业。一条自南向北穿过印度中部的分界线标志着两个完全不同的气候区,其中分布着各种不同的植物。印度的季风地区,降水量大,长期高温,丛林密布。西亚的结籽植物由于需要充足的阳光,在这里不能茂盛地生长,所以也就被薯蓣、芋头、香蕉和稻所取代,其中稻是最重要的一种作物。最后,遍布美洲的主要农作物是玉米,不过在北美洲还有蚕豆和南瓜,而在南美洲则有木薯和马铃薯。

一般认为,上述农业传播的最终结果就是形成了三大谷类植物区:东亚和东南亚的稻米区,美洲的玉米区,欧洲、西亚、北非以及从中亚到印度河和黄河流域的小麦区。在从农业革命到工业革命的数千年间,这三大谷类植物区如同工业革命后的煤、铁、铜,对人类历史起着十分重要的作用。不过最近小麦已经取代水稻成为世界上最重要的粮食作物。这一超越应该归功于农业科学家培育出了具有更强的耐酷暑、耐严寒、耐干旱、抗虫害能力的小麦新品种,使得现在可以栽种小麦的地区要比过去多得多。

早期的农民不但在世界上不同的地区种植了不同类型的作物,还发明了种植作物的各种农业技术。最早的农业技术被称为"刀耕火种",这种技术是用来对付森林的,农民利用这种方法清空树丛以便播种。在人类历史早期,对于只有石制工具的农民来说,清空树丛是一项相当艰难的工作。于是他们就用火烧光树丛,开辟出空地来从事农业。由于活树本身存有大量的树汁,并不容易烧着,因此早期的农民就先围着树干削一圈,中断树汁的输送,让树木死去。干枯的树木很容易点燃,而且燃烧后的灰烬也是很好的肥料。农民在已经清空、肥力又增加了的土地上播种,为长出来的作物浇水、除草,并建起篱笆防止野兔或鹿等野生动物闯进田地,最后在作物成熟时收割。"刀耕火种"技术使得农业得以大规模扩展到原本是森林覆盖的地区,这一技术至今仍在世界上许多地区沿用。

另一个在所有大陆上至今都仍被运用得相当普遍的技术是梯田农业。梯田深受山区农民的青睐,因为在山区,一旦下起大雨,洪水就会沿着山坡汹涌而下,这时庄稼就面临着被冲走的危险。为了防止这种破坏,农民在山坡上筑起石头墙,并收集泥土垒在墙后。从山坡上冲刷下来的泥土在石墙后不断聚积,当泥土多到足够积满梯田时,农民就可以放心地在这些小块的平整田地上耕种作物,而不必担心洪水会把作物冲走了。这一技术至今仍被广泛应用:秘鲁安第斯山区的农民用它来种土豆,中国北部山区的农民用它来种玉米,西班牙、意大利和希腊等地中海地区的农民则用它来种葡萄。

第三部分

洪水滔天

从农业文明到古国文明

第三部分
洪水滔天·从农业文明到古国文明
《尚书·皋陶谟》:洪水滔天

3.1 国际年代地层表中的金钉子

就像历史学家把人类的文明历史划分为不同时期(如中国的夏商周时期、秦汉时期)那样,地质学家按地球所有岩石形成时代(时间)的先后,建立了一套年代地层单位系统,形成一套国际年代地层表。国际年代地层表依据地质时代(年龄)进行地层划分,年代地层单位的"宇、界、系、统、阶、带"分别与地质年代单位的"宙、代、纪、世、期、时"相对应。也就是说,若某一套地层划分为第四系,那么它形成的地质年代属于第四纪。类似每一个人类历史时期都占据人类历史的一定时间间隔或段落,并包含一定的人类活动内容和事件

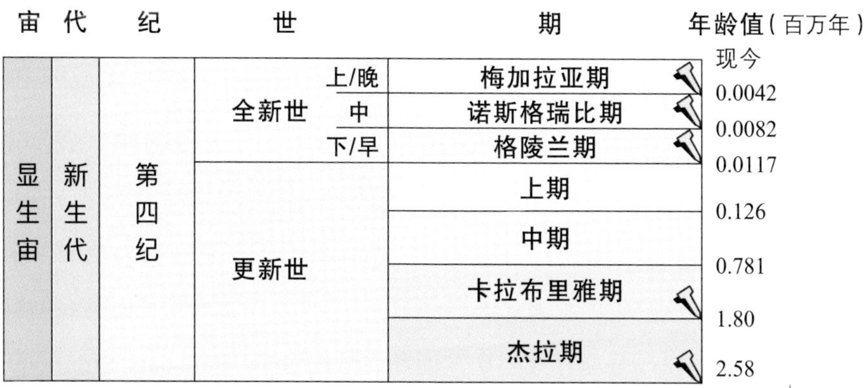

■ 图 3.1
2018/07 版国际年代地层表中的第四纪和金钉子

宙	代	纪	世		期	年龄值(百万年)
						现今
显生宙	新生代	第四纪	全新世	上/晚	梅加拉亚期	0.0042
				中	诺斯格瑞比期	0.0082
				下/早	格陵兰期	0.0117
			更新世		上期	0.126
					中期	0.781
					卡拉布里雅期	1.80
					杰拉期	2.58

那样,每一个年代地层单位则包括在这个时间间隔内在地球上所形成的所有岩石和与其相关的地质事件(图3.1)。

国际年代地层表中年龄值为258万年的金钉子是第四纪的起点时间,1.17万年的金钉子则是第四纪中更新世和全新世的分界点,也是全新世的起始点。

"金钉子"(Golden Spike)的名词来源于人类的铁路修建史。1869年首条横穿美洲大陆的铁路贯通,这条铁路对美国的发展意义极其深远。在纪念铁路修建成功的庆典上,最后一根特制枕木上被钉下了最后一颗18K金的特制道钉——"最后的道钉(The Last Spike)"。随着刻有"The Last Spike"标记的最后一枚黄金道钉的揳入,太平洋铁路这项伟大工程胜利竣工。为纪念这一事件,美国在1965年7月30日建立了"金钉子国家历史遗址"。全球界线层型剖面和点位在地质年代划分上的意义与美国铁路修建史上"金钉子"的重要历史意义和象征意义有异曲同工之处,因此"金钉子"就为地质学家所借用。

■ 图 3.2
用 18K 金制成的道钉(a)与地层界线上的"金钉子"标记(b)

地质学家借用了"金钉子"这一有特殊意义的名词,既代表年代地层学中一项巨大工程的完成,也形象地表达了它是"钉进"地球表面的一个有特殊含义的地理"点";既隐喻了它在年代地层学中的重要地位和里程碑式的科学意义,也代替了原本冗长而拗口的科学术语——全球界线层型剖面和点位(Global Boundary Stratotype

Section and Point，GSSP）；既通俗简练，又寓意深远。如今"金钉子"作为划分地层年龄的标尺，用于地质年代划分。它并不是真的用黄金打造的，甚至和金子没有一丁点关系，虽然也是金闪闪的，但实际是用黄铜打造的，可是在地层学上意义非凡。它的成功获取标志着一个国家在这一领域的地质学研究成果达到世界领先水平，其成果不亚于奥运会金牌。

2018 年 7 月 13 日，国际地层委员会（International Commission on Stratigraphy，ICS）公布了最新的国际年代地层表（2018 年 7 月版），在地层表的最上端嵌着 3 颗金钉子，它们分别代表距今 1.17 万年、8200 年和 4200 年的气候冷事件。这 3 颗金钉子将全新世划分为早全新世格陵兰期、中全新世诺斯格瑞比期和晚全新世梅加拉亚期，这三个时期共同组成了全新世，它代表了自上个冰河时期（末次冰期）结束以来的时间。温暖的全新世经历了数次突然的降温事件，8200 事件和 4200 事件是其中最重要的两次，早、中、晚全新世也由这两次事件划分。

■ 图 3.3
气候冷事件与早、中、晚全新世的划分

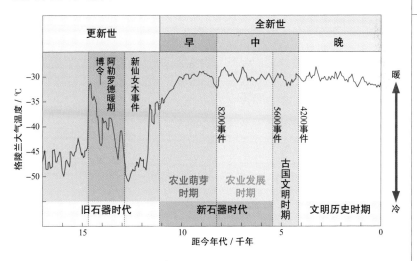

由图 3.3 可知，8200 事件不仅是早、中全新世的划分线，它还将新石器时代诞生的农业社会划分为农业萌芽时期和农业发展时期。在农业萌芽时期，农业开始出现，人类开始尝试驯化动植物，但主要

的食物仍然来自野生动植物。8200 事件后,在农业发展时期,粮食产量提高,牛、羊、猪等动物几乎完全被驯化,由此产生了一种完全意义上的农业经济和生活方式,这种状态一直延续到 4200 事件之后的文明历史时期,只不过经济形态和生产方式变得更精细,社会形态变得更复杂。

农业发展时期是一个社会急剧变革的时期,这一时期人类社会发展出了新的机制来进行社会管理,聚落之间开始为争夺资源彼此冲突,农业生产和土地继承趋于固定。手工产品的出现说明出现了社会分工,分等级墓葬则表明社会阶层出现了分化。之后的 5600 事件促进了四大古国文明的出现和兴盛,并延续了数千年之久。

3.2　早全新世是农业萌芽时期

距今 1.17 万年的金钉子是一个重要的时间节点,气候史上的"新仙女木事件"结束,全球气温大幅度上升,开启了地质年代表中最年轻的时期——全新世。从此,人类迈入新石器时代,农业文明逐渐产生。

"距今"是一个年代学的术语,是一种用于考古学的年代的标记法,表示放射性碳十四定年法所估测出的绝对年代,英文为 Before Present,简称 BP。自 1954 年开始,学者初次制定了一个以 1950 年为所有放射性碳十四定年的基准年代,便于呈现碳十四定年的年代数据。其原理在于,检测一个有机体样本所含的放射性碳元素(^{14}C)的衰变程度,便可以衡量出该有机体死亡后距离现今多少时间。就 2020 年所做的碳十四定年数据来说,1000 年 BP 并非指比 2020 年早 1000 年的 1020 年,而是指比 1950 年早 1000 年的 950 年。

在距我们最近的一个冰河时期(末次冰期)结束以后,地球气候开始变暖,气温逐渐回升(末次冰消期),冰川开始消融,海平面逐渐上升。到了约 1.3 万年前,北美洲和欧洲的冰雪已经融化了相当大的一部分,南北半球春暖花开,呈现一片繁荣景象。然而,就在距今 1.29 万—1.17 万年间,气温又突然下降,在短短数十年内,地球平均气温下降了 7—8℃。这次降温持续了上千年,直到 1.17 万年 BP,气温才又突然回升。1.17 万年 BP 也被作为温暖的全新世开始的时间。

新仙女木事件总体上是一个气候急剧下降的时期,但在全球各地的表现并不相同。格陵兰冰芯记录的新仙女木事件的降温可能达到了 9—15℃。青藏高原古里雅冰芯记录的新仙女木事件可分为三个阶段,降温幅度分别为 5℃、6℃和 2℃。在欧洲,通过不同气候指标得到的降温大约为 2—7℃,北美洲约为 2—10℃。相反,在南半球和北半球的一些地区,如北美洲东南部,气候还略有变暖。

　　新仙女木事件通常与新石器时代的农业革命有关。有人认为,伴有寒冷干燥气候的新仙女木事件降低了地区的承载能力,迫使定居的早期人类的生活模式变得更具流动性,进一步的气候恶化也促使了植物栽培的出现。在这次降温事件中,两极和阿尔卑斯、青藏高原等地的冰盖扩张,导致许多本来迁移到高纬度地区的动植物大批死亡。北美洲的一些大型哺乳动物如猛犸象、巨型短面熊、剑齿虎等灭绝,随后南美洲又有大量哺乳动物灭绝。与此同时,克洛维斯文化(北美洲的一种史前古印第安人文化)也在此时消亡。当时人类的祖先(智人)一直都是依靠采集和狩猎来维持生计,但是新仙女木事件爆发后,天气变得十分寒冷,智人实在是无法生存才逐渐学会了用种子播种,从而走上了发展农业的道路。

■ 图 3.4
地球上最早出现农业的
地区

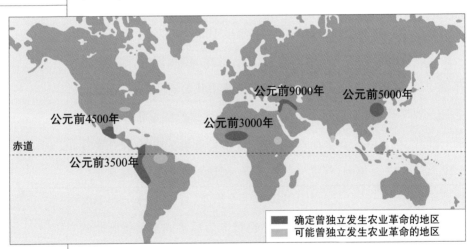

　　农业革命对人类最明显的影响就是促使其产生了定居这种新的生活方式。事实上,为了照料新驯化的动植物,人类也不得不这样做。于是,新石器时代的村庄也就取代了旧石器时代的流浪团体,成为人类最基本的经济文化单位。实际上,村庄构成了18世纪末期之前一直占据统治地位的一种生活方式的基础,这种生活方式即使到了今天还在世界上许多经济欠发达地区存在。

最近的考古发掘揭示,我们的祖先并不拘泥于狩猎和采集生活或定居农耕生活中的一种。如果当地的植物或动物食物来源特别丰富,以往完全依靠狩猎和采集为生的当地居民,也可能在村庄中长年地定居下来。这一情形就曾在叙利亚北部地区的阿布哈热耶出现过。这一地区野生的谷物和豆类长得非常稠密,就像把它们种植在田地里产出的粮食一样多,使得该地区能够供养得起一个300—400人的村庄达数百年之久。同样优越的条件也使得其他一些地区的食物采集者能够永久性地定居下来,例如长年盛产鱼类的北美洲西北部的太平洋沿岸地区。同样在太平洋东岸地区南部(今秘鲁海岸一线),合适的洋流养育着几乎涵盖了整个生态系统的海洋生物:从浮游植物到鸟类和海洋哺乳动物。因此,在这些地方,食物采集者也在永久性的村庄中定居,靠采食海岸边大量的海洋生物为生。但是这些村庄只是一些特例,一般说来,游牧生活是食物采集的自然结果,就像定居生活是食物生产的自然结果一样。

人们常常容易把新石器时代的村落生活浪漫化,这样做显然会使人"误入歧途"。为了生产食物和若干手工制品,每一个人,包括成年男子、妇女和儿童,都必须工作,而且必须努力地工作。由于人们对土壤、种子、肥料和农作物轮植等方面知识的掌握极其缓慢,所以农业劳动生产效率很低。尽管人们付出了艰巨的劳动,可是由于有时久雨成涝,有时却滴雨不下,有时则瘟疫横行,因此饥荒也就成了常事。定居生活使得粪便和垃圾的处置也成了一个棘手的问题,导致传染病常常袭击村庄。虽然狗爱吃粪便,在一定程度上起到了清洁环境的作用,而且人出于传统的害羞心理,总是跑到离住处较远的地方去解手,但这并不足以防止因病菌由口而入所引发的各种疾病。由于食物来源不足,通常人们的饮食很不全面,因而营养不良也很常见。可以想象,在这些情况下,人的寿命非常短,但是高出生率往往又使得各地村庄的人口有所增加,因而食物供求之间的平衡总是通过饥荒、传染病或移民来得到恢复。

新石器时代的村庄生活也并非充满了不幸和苦难。这是一个技术飞快进步的时代，其进步速度远远超过了此前的旧石器时代。究其根本，与其说是新石器时代的人比旧石器时代的人有更多的空闲时间——这种设想现在是值得怀疑的，倒不如说是定居的生活方式使人们能够拥有更为丰富的生活资料。过着流浪生活的狩猎者，由于随身可携带的物品有限，其生活水平受到很大的限制。新石器时代的村民则可以尽情地享用坚固的住房、舒适的家具、生活用具、工具和各式各样的装饰品，他们在这样的环境下学会了用黏土制作陶器。最初，他们只是仿制农业时代以前的篮子、葫芦和其他容器；渐渐地，他们掌握了陶器材料的特性和制作陶器的技术，能够制作出和过去完全不同的器皿。到了新石器时代末期，地球上的居民们已经开始建造窑或炉。窑和炉烧火时温度较高，因而能被用来给陶器上釉，而上过釉的表面则可以防止液体渗漏或蒸发。这样，村民就有了不仅能用来储存谷物，而且能存放油和啤酒等液体，并且能用来烹调食物的各种器皿。

类似的进步也出现在利用纺织品方面。旧石器时代晚期的人也许就已经能把荒山野岭中的绵羊、山羊、狗或其他动物身上的毛捻纺成粗线，再把粗线织成带子、束发带甚至粗毛毯。他们还可能已经能用黏土制作粗糙的容器模型，但是，只有到了以农业生产为主的时代，人类才能够像发展制陶技术那样去发展纺织技术。农业社会的人利用野生的和刚刚培育成功的亚麻、棉花和大麻等纤维植物，在逐渐得到发展的锭子和织机上进行纺织。农业社会的人还学会了建造比较坚固、宽敞的住房。造房子用的材料则因地制宜，容易采集到的树皮、茅草、树干、木头、土坯、石头等材料是最常用的建房材料。房间的中央则通常会生上一堆火，供照明和取暖。房子没有烟囱，只是在屋顶上开个洞或在屋檐下留条缝，用来排烟。

定居生活也使部落政治组织取代各游牧民族单独的群体成为可能。部落一般都是由一个地区若干村庄的居民组成,每个部落都有其独特的语言和风俗习惯,并以此相互区分。有些部落,一般是那些处于原始经济状态的部落,发展很不充分,完全没有定型,几乎还处于游牧群体的水平。也有些部落有强有力的首领、原始贵族及平民,但他们之间的界限模糊不清,而且还根本没有后来文明所特有的基于阶级的排外性。

新石器时代村落最基本的社会单位通常是由若干对夫妻和他们的孩子组成的大家庭。这种大家庭由于适宜处理在勉强维持生活的过程中所遇到的种种问题,所以比独立的一夫一妻制家庭更为常见。而且这种大家庭还收养外来的流浪者。当遇上大事,需要众多的人手来开伐森林、收割农作物或放牧家畜时,这种大家庭也能更有效地发挥作用。此外,这种大家庭还能有效地利用大块的土地,因为它能够留下一部分成员在家料理家务和照料附近的田地,而派其他成员长期在外管理远处的菜圃、果园或牧场。

居民之间经济和社会地位平等,是新石器时代村落的明显特征。每个家庭都拥有生产生活所必需的技能和工具,同样重要的是,每个家庭都有权使用维持生活所必不可少的基本自然资源。这一点有着充分的所有制保证,因为所有的农田、牧场和其他自然资源皆为村落所有,而村落则又是由各个家庭自动组成的。所以在部落社会中,既没有土地拥有者,也没有无地的耕种者。美国有位人类学者曾经说过:"在印第安人的村庄里,不可能出现村子的一头是饥饿与贫困……而村子的其他地方却生活富裕的情况……"

但也正是由于这种平等主义,才使得无论是新石器时代的部落社会,还是今天的部落社会,其生产力都有着内在的阻碍性因素——生产的数量只要能够满足每个家庭有限的需要就可以了,从而没有追求生产剩余产品的动力。也就是说,劳动只是生活中的一个插曲,其形式多样,时间却相当有限,一天工作 8 小时、每周工作 5 天的情况显然是不存在的。一个典型的部落成员,每年的工作时间要少于现代人,而且工作对他来说也是件很愉快的事。其根本原因就在于,他是以一名社会平等成员的资格,以丈夫、父亲、兄弟或村落成员的身份去参加劳动或从事生产活动的。工作不是为了谋生而必须忍受的,相反,它是亲属关系和村落关系的伴随物。一个人帮助他的兄弟干农活,不是因为期望对方会给他一篮甘薯,而是由于亲属关系。这种部落社会是一个完全平等的社会,但正因为如此,它也是一个低生产率的社会。

部落中社会关系的平等也惠及部落中的两性关系,并清晰地体现在土地的所有制上,部落里的女人和男人一样享有自由使用土地的权利。妇女们不但在农业方面享有平等的权利,而且在使用村落的公共用品上也拥有与男人同等的权利。人们在发掘位于小亚细亚地区加泰土丘的一处公元前 700 万年的人类定居点时发现,当时的妇女已经能够种植当地的植物,纺织羊毛和棉花,用麦秸编织垫子和篮子,并烧制陶器用来煮饭和储物。在这个特别的定居点中,妇女不仅享有和男性同等的权利,甚至享有比男性更高的地位。这里的绘画雕塑、房屋装修以及墓葬遗址都显示出当时家庭等级的最顶层是母亲,其次是女儿,再次是儿子,而父亲则位于最下层。

土地耕种者的新生活方式导致新的宗教信仰开始出现,过去狩猎者所崇拜的神灵和巫术到这时已经显得不合时宜了。农民需要并设想了种种能够保护他们的田地、牲畜和家庭的新神灵,他们通常会隐隐约约地认为在所有这些神灵的背后有一位造物主。最为重要的则是,几乎每个地方都出现了对大地之母(即丰产女神)的崇拜。他们认定,粮食丰收、家畜兴旺、妇女们多生儿女,皆归功于丰产女神;生命与健康、生死循环也由她决定。因此人们对丰产女神的崇拜也就日益盛行。发现的许多刻意夸大女性特点(乳房悬垂、大腿粗壮)的黏土雕像便可证实这一点。这一类雕像不仅在整个欧洲地区有,往东远到印度地区也时有发现,这也充分反映出农业从其发源地(西亚)向外传播的历史。

3.3 大洪水的传说：农业发展时期

8200 事件最有力的证据来自北大西洋地区,气候的急剧变化在格陵兰岛的冰芯、温带/热带北大西洋的沉积和其他记录中被清楚地显示。在南极冰芯和南美洲的其他指标中,这种气候突变现象不太明显。8200 事件在格陵兰冰芯记录中持续 400 年左右,最冷时的降温达 4—8℃,其强度相当于新仙女木事件的一半;欧洲地区夏季平均温度降低 1℃;非洲此时处于干旱,同时有证据表明,索马里沿岸水温下降 2℃;在美洲,美国大平原降温达到新仙女木事件的三分之一;亚洲在这一时期也是以干旱寒冷为主要特征。相比之下,南半球除了南大西洋有变暖的微弱信号以外,没有 8200 事件的明显反映。

距今 8200 年的降温,是进入全新世以来最强的一次降温事件。北半球大部分地区都受到这次气候突变的影响,在高纬度地区的特点是变冷、变干,在低纬度地区最突出的表现是干旱。这次降温可能是因为早全新世气温急剧上升,劳伦冰盖融化的大量淡水注入大西洋北部,降低了北大西洋海水的盐分浓度,减弱了大洋环流。

■ 图 3.5
8200 事件后的全球气候变暖和海平面上升

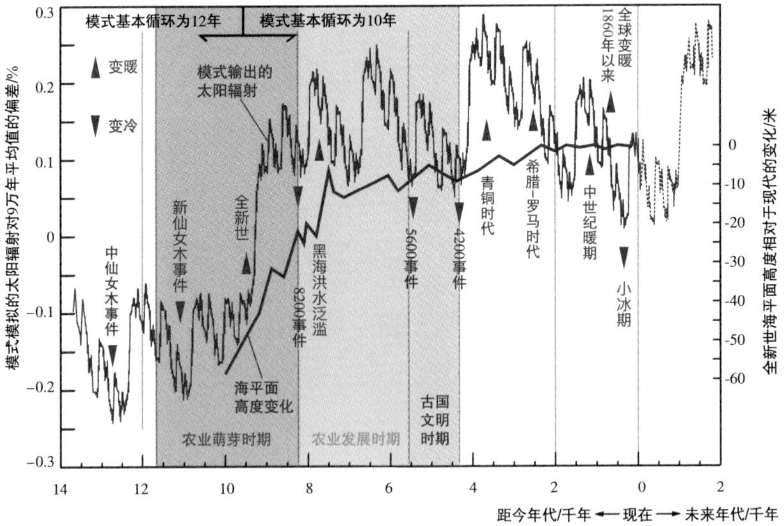

8200事件前后是中国黄河中游和长江三角洲太湖流域新石器时代遗址数量的低值时段,尤其在黄河流域有三四百年的文化断缺,在太湖流域也很少见到该时期的文化遗址。气候突变使得新石器时代文化遗址数量大减,说明人类的生存受到严重影响。

需要指出的是,这次变冷、变干的程度虽然很强烈,但是持续时间并不是很长(大约200年,此前的新仙女木事件持续了1000多年),之后温度和降水量又大幅回升,高纬度地区冰川的融化使得海平面上升。有资料表明,黑海在8200事件以前是淡水湖,水位比现今低。用回声探查技术对海底地形进行调查发现,黑海底部有从地中海流入黑海的洪流所形成的峡谷,放射性年代测定为距今7600—7500年。

现在的黑海与地中海是相通的。黑海向西经由博斯普鲁斯海峡连接马尔马拉海,马尔马拉海则由达达尼尔海峡连接爱琴海和地中海。

■ 图3.6
海平面升高,海水打通了博斯普鲁斯海峡灌入黑海

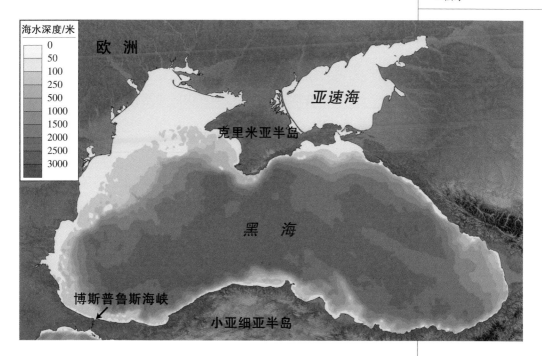

20 世纪 70 年代,科学家发现,距今 9800 年的黑海和马尔马拉海的水面都低于连接两者的水道,黑海当时是孤立的内陆湖,水源来自融化的冰川和地面降水,属淡水湖,当时黑海海面比现在低 100 米左右。早全新世由于气候变暖,冰川融化,大量融冰水注入大海,地中海水位不断上升,终于在 7600 年前通过马尔马拉海并越过现在的博斯普鲁斯海峡附近的陆地涌入黑海。由于强大洪流的冲刷和下切,形成了水下峡谷,博斯普鲁斯海峡成为现在连接黑海与马尔马拉海的海峡。

1997 年,美国哥伦比亚大学考古和历史学家雷恩和彼得曼教授在《诺亚大洪水》一书中推测,黑海的特大洪水在 7600 年前发生时,黑海的水面高度以每天 15 厘米的速度暴涨,湖里的淡水生物全部死亡,沉入水底。更可怕的是,大洪水也淹没了西亚陆地,给人类和动植物带来灭顶之灾。

2000 年 9 月,在离岸 20 多千米的黑海深海,美国探险家波拉德发现了一处古代建筑物遗址。该建筑物为木质房梁,墙体用树枝抹泥编成,地基长约 15 米,宽约 4 米。此外,他们还发现了制作精巧的石斧、石凿和木棒等工具。

一般认为,黑海沿岸可能是西亚山区早期农业社会最早扩散的地区。距今 8200 年的气候突变,使西亚山区的原始农业遭受到降温和干旱的严重打击,那里的农业人口有的迁徙到水源充足、气候温和的黑海岸边,继续以养殖业为生,并使农业经济在这里得到进一步发展。但是从地中海突然涌入的海水,使黑海沿岸人类的早期定居家园被毁灭。

幸存下来的人们不得不背井离乡去寻找新的家园。他们带着农作物的种子、驯化了的动物以及关于洪水的记忆向欧洲、西亚平原地区逃散,他们为这些地方带去了农业文明的火种,也给这些地区的后人留下了关于洪水灾难的可怕记忆。

从中全新世农业传播的考古记录中，我们也许可以发现从黑海逃离的先民后代的踪迹：

① 在黑海东北方的多瑙河流域，发现有距今 7300 年的农业聚落。

② 巴尔干半岛最早的史前农业遗址是在 7300 年前。

③ 亚平宁半岛发现距今 6500 年的农业遗址。

④ 距今 5500 年农业传播到法国北部，5000 年前传播到英国。

⑤ 根据对古代语系的考察，在两河流域创造了苏美尔文明的苏美尔人的祖先是从黑海迁徙而来的农耕民族，而这些农耕民族的祖先可以上溯到新石器时代早期居住在托罗斯山脉和札格罗斯山脉丘陵地带的定居人群，他们是西亚最早的农业人口。

大洪水和诺亚方舟的传说在地中海周边地区的各个民族和文化群体中有惊人的相似。《圣经》和《古兰经》中有类似的描述，古希腊和古罗马的神话中也都有相近的传说，共同的传说也许暗示着远古时代的共同遭遇。

这次气候突变，在西亚地区造成 200 年左右的干旱，导致该地区原始农业聚落的迁徙，推动了原始农业在欧洲、西亚和北非的扩散和传播。在中国，黄河流域有三四百年的文化断层（距今 8000—7500 年），与此后蓬勃发展的仰韶文化（距今 7000—5000 年）形成鲜明对照。这种现象可能与 8200 年前的这次降温干旱事件有关。

神话传说往往保留着人类的远古记忆。全世界不同民族、不同文化中所保留的洪水的共同记忆，说明他们经历过共同的遭遇。"火燂炎而不灭，水浩洋而不息"，也许就是对高温炎热、潮湿多雨、洪水泛滥的气候环境的描述。这些分散居住的诸多民族在记述大洪水的传说上表现出惊人的一致，而这种一致似乎并不是借由不同民族之间的文化传播而来，而有着各自独立的起源。

在《圣经》洪水传说与古巴比伦洪水传说之前，苏美尔人的史诗

《吉尔伽美什》就记载了有关洪水的传说故事。《吉尔伽美什》是人类最早的英雄史诗,早在4000多年前就已在苏美尔人中流传,全部史诗用楔形文字刻在12块泥板上,其中第11块泥板文书穿插了大洪水的故事。史诗中对大洪水的叙述与诺亚方舟的故事如此相像,以至于让人们相信《圣经》的记述不再是那场大灾难的孤证,更不仅仅是教化用的寓言。

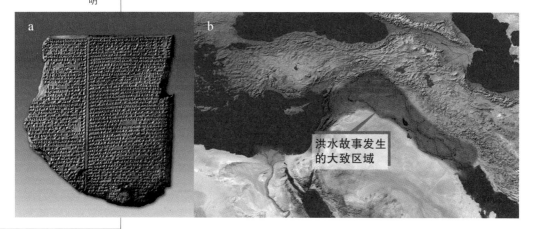

洪水故事发生
的大致区域

■ 图 3.7
保存在大英博物馆中的大洪水记录泥板文书(a),希伯来和巴比伦洪水故事发生的大致区域(b)

3.4 城市的兴起和伴水而居的古国文明

8200 事件后,全球气候进入中全新世,这也是农业大发展的时期。但是世界各地的古气候记录非常明确地显示,在距今 6000—5000 年,气候发生了明显变化。在此期间发生了多次降温和季风减弱事件,其中在北方的季风地区和青藏高原地区记录得最清楚,体现为显著的干旱;西南、华南地区也表现为显著的干冷气候。

引人注目的是,距今 7000 年的撒哈拉还是一片绿洲,后来的千年中降水量逐渐减少,五六千年前,居住在撒哈拉的牧民遭受了一次毁灭性气候的突袭。草地退化为沙漠,牧民被迫另寻栖息之地。计算机模拟分析表明,距今 7000 年的地球在每年 6 月处于近日点,北半球处于热夏,南半球处于凉夏,强烈的季风给撒哈拉带来丰富的雨水。在那以后近日点向西移动,北半球逐渐变冷,降水量就开始减少。到了距今 5600 年左右,近日点在秋分点附近,南半球变暖,北半球变冷,季风减弱使降水量急剧减少。罗布泊也经历了同样的过程。五六千年前,罗布泊曾是一个淡水湖,而且湖中水生植物茂盛,其后经历了由淡水湖、微咸水湖、咸水湖以至盐湖的演变过程。到了现代,近日点已经移至冬至点附近的位置,罗布泊的地貌如火星表面,但多条干涸的河流依稀可见(图 5.9)。

5600 事件发生于人类文明的前夜,对新石器时代古文化的发展产生了重要影响,中国北方各地的新石器文化出现衰退和中断。随着气候的变冷变干,史前人类开始由高地向低地、由丘岗向大河平原迁徙。

在两河流域,5600 事件前后气候开始向干旱转变:南半部(如巴比伦尼亚等)的沼泽地开始变干,成为土地肥沃的地区。那些前期生活在其他高地、分散的人口大量向这些地区移民,开始建立规模较大的城市和村落。一些执法机构、神庙、城墙等应运而生,文字出现,文明社会开始形成。因此,5600事件前后的干旱事件促进了苏美尔文明的形成和发展。

在尼罗河流域,5600事件前后突然发生了幅度大、影响广的撒哈拉干旱事件:绿洲消失、湖泊变干、沙丘活化。在严重干旱的影响下,以前在湖边定居生活的先民被非定居的游牧民族所代替,也促使生活在撒哈拉地区的牧民迁徙到尼罗河河谷或三角洲平原。为了解决人口大量迁徙带来的压力,农业和手工业开始发展,私有制逐步确立,社会分化,阶级形成。较为原始的文字出现,国家开始形成。

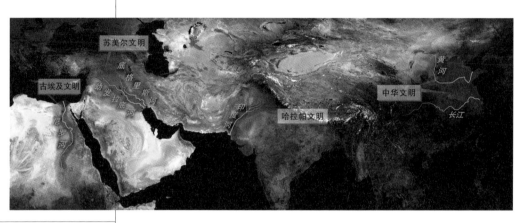

■ 图3.8
伴水而居的四大古国文明

在此事件之前,人类一直以族群或部落的形式生活在一种平等社会中。这种状况在距今6000—5500年发生了革命性的转变,全球多个地区几乎同时出现了明显的社会复杂化现象,标志着人类从平等社会演化至不平等社会。四大文明古国在这一时期先后出现,因此,这一事件被公认为人类社会演进历史上的一个重要里程碑。

3.4.1 两河流域的苏美尔文明

在生产水平较低的新石器时代,人类对自然环境变化的抵御能力非常弱,这些气候突变事件对人类文明的影响十分显著。8200事件后开垦的耕作地主要分布在山麓周边,属于依赖自然降水的原始农业,需要年降水量在 250 毫米以上,并且非常容易遭到干旱的打击,一旦气候剧烈变化就难以大范围地经营农业。5600 事件使发生在西亚山区的原始农业遭到降温和干旱的严重打击,那里的农业人口有的迁徙到水源充足、气候温和的两河流域,继续以养殖业为生,并使农业经济在这里得到进一步发展。

美索不达米亚南部在 7000 年前零星分布着一些被称为欧贝德文化的小型定居点,由于周期性的干旱,人们逐渐放弃之前的农地,开始聚居在大河沿岸的平原。就这样,人口密集的地区开始形成了城镇。在约 5500 年前,苏美尔人从北方移居到幼发拉底河与底格里斯河的下游。他们所使用的苏美尔语与日语一样有很多助词的黏着语,与阿卡德语和今天的阿拉伯语闪米特语族截然不同,因此苏美尔人被认为是原本居住于北印度和中亚的民族。在莱昂和彼得曼的理论中,苏美尔人的祖先是原本居住于黑海东岸的民族,由于大洪水而越过高加索山脉向美索不达米亚移民。

■ 图 3.9
气候变化促使依赖自然降水的高地原始农业迁往冲积平原的两河流域

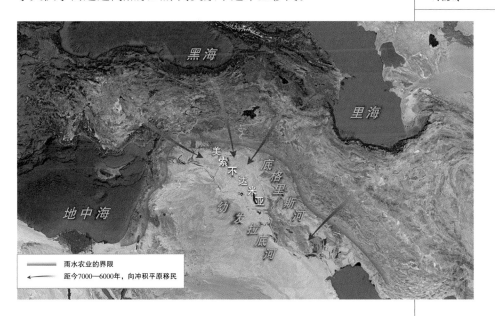

苏美尔人为了对抗周期性的干旱,开始在幼发拉底河沿岸的平地上普及引水灌溉的农业。他们帮助因干旱从周边地区弃农而来

的大量难民,发展大规模的灌溉设施。他们在秋天挖掘运河,开垦新的农地,到了冬天则以一月一次的频率打开水路滋润农地以备春天的农耕。为了维持如此规模的灌溉系统,领导和官员的角色诞生了。

这一时期,在美索不达米亚的古代都市乌鲁克已经形成了由统治层管理的阶级社会,并产生了工匠和商人等职业。最早的刻有楔形文字的黏土板也是在乌鲁克出土的。在这片6平方千米的土地上,人们建造了巨大的神殿,有5万到6万人居住于此。位于幼发拉底河之滨的尼普尔是苏美尔人的圣城,主神是苏美尔的神祇恩利尔,他是掌管天空和风暴的神明。从人口规模和人口密度来看,这是世界上最早的城市国家。

■ 图 3.10
美索不达米亚尼普尔古城遗址

当苏美尔文明繁荣起来时,城市中心也在美索不达米亚地区产生了。不久,亚述人的城市就开始同三角洲地区的城邦争夺贸易与威望。大约在公元前2370年,萨尔贡在巴比伦以南的阿卡德城建立了一个强有力的王朝。在阿卡德王朝几世纪后,乌尔纳姆在约公元前2113年建立乌尔第三王朝,其在位期间统一美索不达米亚南部诸城邦,建立起了强大的集权王朝。由于苏美尔人在经历了阿卡德王国和库提人统治之后,再次掌握美索不达米亚的政权,乌尔第三王朝又被称为"苏美尔复兴",但是全球性的降温和干旱来临了。

根据乌尔王朝最后一位国王伊比辛统治时期的行政泥板文书记载,自其统治的第6年至第8年,首都乌尔城的粮食价格增长了60多倍。当时王朝面临着严重的粮食短缺现象,除了天灾因素,即由于底格里斯河与幼发拉底河洪水减少导致灌溉农业减产,还因王朝长年累月的对外战争,导致大量粮食被充当军粮,大量农业劳动力被征召入伍,从而造成粮食短缺。粮食短缺致使物价急速上涨从而引发严重的国内经济危机。除此之外,乌尔王朝遭到东南部埃兰人的反叛,西部的阿摩利人也趁机发起攻击。公元前2006年,经历五代国王的乌尔第三王朝宣告灭亡。

3.4.2 尼罗河流域的古埃及文明

公元前3600年,普通埃及人的生活方式大概与今天某些上埃及村落中人们的生活方式差不多。王朝建立之前这些人生活在一个人口逐渐增长、土著文化逐渐丰富的时代,这是扩大了贸易的结果。奢侈品数量增加,冶金术也从美索不达米亚地区引进,社会结构似乎已经变得比较精细。埃及人学会了书写,这一事件可能对埃及统一和这一地区出现文明具有催化作用。大约公元前3200年,传说在一位名叫美尼斯的法老的领导下埃及统一了。

古埃及文明迅速发展的诸多举措中,有一项是在公元前2800年以后改良了灌溉体系。只要官方机构井然有序地组织这项工作,下埃及三角洲地区的发展就成为可能。金字塔也在这段时期出现,尽管建造这种巨大的建筑一定有某种妄自尊大的因素,并且它的修建要耗费巨大的人力和物力,但是金字塔的出现表明,经过数世纪发展的埃及已达到鼎盛状态。这数个世纪中,国家和行政机关获得了同步发展。金字塔是法老们永生的居室和坟墓,是古埃及文明永久的象征。它们反映了埃及人对法老在死后世界的生活和复活观念的重视。

就其规模而言,埃及是历史上第一个国家政权。法老们用自己的口头命令进行统治,对尼罗河洪水、降雨以及所有的人拥有权力。他是一尊绝对正确的神,所有的人都把他当作一位神圣而又实在的神来敬奉。法老的形体便是"正确"的化身,可代替"秩序"和"正义"。法老身份本身就是永恒的,这正是埃及国家政权的体现。大量世袭的官僚机构有效地统治着这个王国,各级官员组成了实际意义上的王朝。官员的大量精力花在了征税、收获和管理灌溉方面。在埃及繁荣的鼎盛时期,它拥有数万人的军队,其中大多数人是雇佣兵。

埃及是一个有文字的王国,受过训练的、能够阅读和写作的书吏是其政权机关的一个组成部分。专门学校为军队、宫廷、财政部门及其他众多岗位培养了书写者,不管书吏和在宗教机构中工作的人有多少,有一道巨大的鸿沟将那些能读、能写的人与未受过教育的农民区别开来。少数工匠和缺乏技术的劳动力为建造神殿或法老的坟墓而工作,在监工的指挥下进行轮班制劳动,过着一种被严密组织的生活。

如图 3.11 所示的卢克索古城遗址位于埃及首都开罗以南 670千米处,埃及有文字记载的历史就是从这里开始的,因此它又有"上古埃及的珍珠"之称,也是最能代表古埃及文明的文物古迹荟萃之地。

王朝早期的干旱已经让法老知道中央控制农业的重要性。面

■ 图 3.11
卢克索古城遗址

对新的经济形势,他们已经想出了应对措施:加快灌溉工程、运河的建设,推动三角洲地区的农业发展。他们的措施非常成功,到公元前2250年,埃及的人口已经增长到100万人以上。人口的增长和对农业的依赖使得埃及变得更加脆弱,因为当埃及再次遭受农业歉收的打击时,有更多的人口需要养活。在超过300年的时间里,埃及不断出现饥荒。当时的书写员提到:抢劫和混乱到处蔓延,水源缺乏,尸横遍野。人们开始怀疑法老们魔幻般的权力。

古王国时期最后一个法老是佩皮二世(公元前2278—公元前2184年在位),他6岁登基,一直统治了94年。随着国家中央权力的衰落,地方首领在自己的省里逐渐变成了独立的统治者。王权衰落与北非从公元前2180年开始的长期干旱时间相吻合。

古王国末期,由于阶级矛盾的激化,王权更加依赖神庙祭司和地方贵族,大量的土地、劳动力和财富都集中在神庙集团和地方贵族手中,使得地方贵族和神庙集团的势力极度膨胀,第六王朝末代君主佩皮二世统治结束后,君主专制也几近崩溃。第七王朝时期,埃及终于陷入分裂局面,埃及历史进入第一中间期(公元前2181—公元前2040年)。

3.4.3 印度河流域的哈拉帕文明

1974—1980年,法国和巴基斯坦的考古学家在印度河以西200多千米的奎达南边的梅拉加尔发掘出许多农业定居点,发现了公元前6000年前定居此地的农耕者的遗迹。大约公元前5000年,梅拉加尔人已居住在相当大的土坯建成的永久性房屋里。这种建筑材料不仅为后来的哈拉帕人所用,今天的印度人也在使用。公元前4000年,冲积平原就有人居住了,成百的哈拉帕定居点分散在这片广大的平原上,许多村落和小镇曾从事过密集农业。大多数的村落和小镇在高于洪水的最高水位的地区建造,并尽可能靠近河流。

天人之变

印度河流域(今巴基斯坦境内)的哈拉帕文明被认为起源于约公元前3000年。哈拉帕人与北部许多地区特别是阿富汗保持广泛的联系,并且被认为与伊朗高原和美索不达米亚偶尔也有往来。哈拉帕文明繁荣于公元前2800年,分布于印度河流域的广大地区。到公元前2700年,印度河流域的居民已能解决灌溉和控制洪水等基本问题了,部分原因是他们能够应用大量的烧制砖。砖用河流冲积土制作,用沿河树林作柴烧制。像苏美尔人一样,哈拉帕人把城市作为组织和控制其文明的一种手段。

■ 图3.12
哈拉帕古城曾经是印度
河流域文明的中心

已知的几个重要的哈拉帕文明的城市,哈拉帕(该文明因此城而得名)和摩亨佐·达罗建在高出洪水水位的人工土丘上。后者至少重建过九次,有时是因洪水灾难所致。哈拉帕文明大约在公元前2000年到达极盛,此时的摩亨佐·达罗至少有4万居民。但那时一次又一次的洪水,已使它处于困境,洪水削弱了城堡的防卫能力,淹没了许多城市街道,统治者投入了大量人力加强治水工程和重建房屋。然而,公元前1900年,建筑业出现了明显的衰败迹象,这似乎是因为印度河不断泛滥,使摩亨佐·达罗人在物质和心理上都难以承受。洪水泛滥最初可能是因为几个世纪以来的滥砍滥伐和过度放牧,破坏了生态环境,导致水土流失,使水流失去了控制,但这还不足以毁灭这几座城市。哈拉帕文明在公元前1900年后衰落,其原因之一也许是雨量减少和地理环境的恶化。公元前1700年左右,印度河在哈拉帕和摩亨佐·达罗突然改道,或许是经历了多次严重的地震和水灾,这些沿河城市遭到不可挽救的毁灭。

3.4.4 黄河、长江流域的中华文明

5600事件前后,中国的新石器文化分布格局也发生了较大的变化,导致中国各地新石器文化出现衰退或断层。例如,托克托县黄河北岸台地的海生不浪文化和西辽河流域的红山文化之间有约200年的文化缺失;红山文化和小河沿文化之间也出现了文化断层;山西临汾盆地的西王村文化每百年的遗址点数量在距今4900年之后由0.21骤降到0.034;长江三角洲太湖流域一带的遗址数量同样也处于低值。干冷事件导致兴盛了2000多年的仰韶文化被龙山文化替代,社会开始酝酿变革。随着气候的变冷、变干,史前人类掀起了从高地向低地、从四周向中心迁徙的热潮。

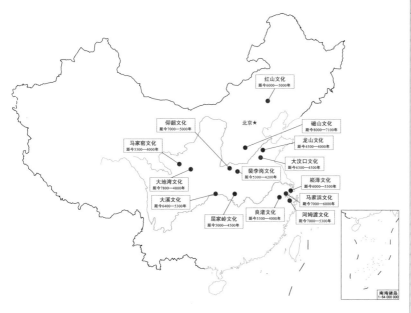

干冷事件导致气候带南移,黄河中下游地区湖泊面积缩小、沼泽化加快,以前不适合人类居住的低洼湿地开始成为人类比较理想

的居所。在仰韶文化前期（距今 7000—6000 年）的人类遗址点有 70%—80% 处于岗丘高地，到了仰韶文化后期（距今 6000—5000 年）高地的人类遗址点的数量低于 10%，绝大多数人迁徙到靠近大河的平原和河流阶地。

中国新石器时代的文化遗址在北方以仰韶文化为代表。仰韶文化以渭、汾、洛等黄河支流汇集的中原地区为中心分布，北达今长城沿线和河套地区，南达鄂西北，东至豫东一带，西至甘、青接壤地带，生产工具以发达的磨制石器为主。仰韶文化是一个以农业为主的文化，其村落或大或小，比较大的村落的房屋有一定的布局，周围有一条壕沟，村落外有墓地和窑场。村落内的房屋主要有圆形或方形这两种半地穴式建筑，早期的房屋以圆形单间为主，后期以方形多间为主。房屋的墙壁是泥做的，有用草混在里面的，也有用木头做骨架的。农业生产仍以种植粟类作物为主，粟的遗存在各重要遗址中经常被发现。仰韶文化的彩陶闻名天下，灵动的图案、丰富的寓意，使之成为北方新石器文化的象征。图 3.14 是根据发现的 6000 年前的仰韶文化半坡遗址描绘的典型的原始社会母系氏族公社村落。

■ 图 3.14
新石器时代仰韶文化半坡遗址

中国南方新石器时代的文化遗址以河姆渡文化（距今 7000—5300 年）为代表，它是中国长江流域下游以南地区古老而多姿的新石器时代文化。黑陶是河姆渡的特色陶器品种。在建筑方面，遗址中发现大量"干栏式房屋"的遗迹。河姆渡文化的社会经济是以稻作农业为主,兼营畜牧、采集和渔猎。在遗址中普遍发现有稻谷、谷壳、稻秆、稻叶等遗存。遗址中还出土有许多植物遗存,如:橡子、菱角、桃子、酸枣、葫芦、薏仁米、菌米、藻类。河姆渡文化时期,人们的居住地已形成大小各异的村落。在村落遗址中有许多房屋建筑基址,但由于该地属于河岸沼泽区,所以房屋的建筑形式和结构与中原地区和长江中游地区发现的史前房屋有着明显的差异。

干栏式建筑是河姆渡人的居所,7000年前他们就已经使用榫卯结构建造房屋。家畜是河姆渡人主要的肉食来源,养猪在当时已十分普遍。纺织是妇女们的主要工作,腰机这种纺织机械一直沿用至今。漆器生产是河姆渡人的独创,这里诞生了中国历史上最早的漆器。河姆渡遗址所在区域水道纵横,他们砍伐锯木,刳木为舟,自由驰骋于江河之上。河姆渡遗址位于今天浙江省余姚市,代表了南方长江流域新石器文化的典型风貌。

■ 图 3.15
河姆渡遗址

3.4.5 良渚文化和实证中华文明的良渚古城

中国北方的仰韶文化和南方的河姆渡文化都是一种崇尚平等的部落社会,还不具备人类学者提出的文明社会的特征。文明社会的特征包括:城市中心、由制度确立的国家的政治权力、社会分等级阶层、巨大的建筑物和各种专门的艺术和科学等等。这些文明社会的特征，出现在距今 5300—4000 年的良渚遗址中，特别是良渚古城的现世，表明这是一个等级分化的复杂社会。

良渚文化遗址最早发现于浙江省杭州市余杭区良渚镇，夏鼐先生于 1959 年将之命名为良渚文化。良渚文化（距今 5300—4000 年）与古埃及、苏美尔和哈拉帕文明处于同一时代，是长江下游环太湖地区继马家浜文化（距今 7000—6000 年）、崧泽文化（距今 6000—5300 年）之后发展起来的具有代表性的新石器晚期文化，是中国古代文明的重要源头之一。良渚文化分布广泛，以太湖流域为中心，南至浙南，北跨长江到达苏北，西起皖东，东达舟山群岛，面积约 15 万平方千米。目前良渚文化已发现近 600 处遗址，主要分布于环太湖的平原地区。

良渚古城遗址是整个良渚文化的核心，是良渚文化的都城，位于浙江杭州余杭区瓶窑镇和良渚镇附近，处于面积达 1000 平方千米的 C 形盆地北部。5000 多年前，这里是一片河湖遍布的水乡泽国。良渚人来到这里后，为防范洪水，良渚人在北部山前修筑长堤，在西南方向修筑平原低坝，在西北方向修筑谷口高坝。长堤和水坝拦蓄

■图 3.16
良渚古城是一个具有宫殿区、内城、外城和外围水利系统的庞大都邑

洪水，为古城的营建做好准备。良渚古城的核心区可分三重，中心为面积约 0.3 平方千米的莫角山宫殿区，其外为约 3 平方千米的城墙和约 6.3 平方千米的外郭所环绕。同时，古城西北部和东北部还分布着规模宏大的水利系统和用于天文观象测年的瑶山、汇观山祭坛，在古城外围也存在着广阔的郊区。良渚古城核心区、水利系统、外围近郊的总占地面积超过 100 平方千米，规模极为宏大。

良渚古城位于水利系统东南方向，由一系列大大小小的人工台地构成，其中心是规模宏大的莫角山台地。莫角山西北方的反山是良渚时代的一处王陵。1986 年，在反山土台西侧，已发现了 11 座良渚时期的贵族墓葬，均为竖穴土坑墓，且均有随葬品。良渚古城被一圈长达 6000 米的城墙包围，城墙呈圆角长方形分布，东北角和西南角分别是雉山和凤山两座自然山体。良渚古城城墙墙体截面呈梯形，残存墙体最高处约 4 米，坡角较缓，底部铺有淤泥和石块，上部是黄土墙体。城墙内外两侧均设有形似埠头的墩台，这里坡角极缓，相当于城墙伸向河边的码头，方便人员和物资往来。

巨大的水利系统、恢宏的古城，体现了良渚王国具备对社会资源的控制和调动能力，能够动员、组织大量人力进行大规模公共事业建设。大型高等级建筑、祭坛上的贵族墓地、制作精良带神徽的玉琮、祭祀用具以及玉钺，表明这里已经出现明显的阶级分化的复杂社会。良渚文化的手工业技术已比较发达，且趋于专业化，玉石制作、制陶、木作、竹器编织、丝麻纺织等都达到较高水平。茅山遗址大面积的水田、多次出土的木柄石头犁铧、上万斤的炭化稻谷堆积，说明当时犁耕稻作农业有了很大发展。人工栽培稻则印证了良渚发达的稻作农业，这是良渚文化得以繁荣的重要经济基础，促进了稳定的区域性政体的形成。良渚古城是 5000 年前环太湖流域早期国家的权力与信仰中心，古城遗址真实、完整地保存至今，是实证中华五千年文明史的圣地。

除了良渚古城,在太湖东南岸的长江下游地区,分布着兴化蒋庄、常州寺墩、昆山赵陵山、上海福泉山等良渚文化的大型遗址。虽然这些遗址和墓葬的规模以及随葬玉器的规格和数量逊于良渚古城,但高等级墓葬随葬的玉器带有与良渚古城墓葬玉器同样的神徽,表明这些地方与良渚古城具有相同的经济模式、宗教信仰和祭祀体系、社会结构和资源调配模式。当时,已经形成以都城(良渚遗址)为中心,多个次中心、中型聚落和小型聚落构成的四级金字塔式层级社会结构,出现了掌握军事指挥权和宗教祭祀权的王,及其统治下的较为稳定的行政控制区域。这实际上就是最初的国家。

3.5 文明的衰落——4200 事件的影响

距今 4200 年,世界各地的农业文明经历了一场突然而严重的特大干冷事件,导致了两河流域的苏美尔文明、尼罗河流域的古埃及文明、印度河流域的哈拉帕文明和长江流域的良渚文化的崩溃和人类的迁徙。地质学家们在全球各地都发现了 4200 事件的证据,这些证据表现在洞穴石笋、湖泊沉积物、海洋沉积物、泥炭、黄土等沉积物中气候代用指标的突变,指示着全球气候在距今 4200 年出现了持续强烈的变冷变干状态。

2018 年发布的国际年代地层表(图 3.1)中新的金钉子表明,古气候学家所关注的第四纪全新世的 4200 事件被认定为晚全新世梅加拉亚期的起始点。梅加拉亚期在众多的地质年代中是很独特的,它的开始时间和全球气候突变事件(4200 事件)所导致的文化事件相一致。古气候和人类文明的协同演化很不同寻常,这一时段的确立,对全新世气候变化历史以及考古学,都是非常重要的。

4200 事件是全新世最严重的气候事件之一。与 8200 事件不同的是,4200 事件在格陵兰 GISP2 冰芯中没有明显的信号,而在北非、西亚、印度次大陆和北美洲中部,均记录到 4200 事件的强烈干旱阶段。干旱期可能持续 100—200 年,降水量可能减少 20%—30%。4200 事件与 8200 事件一起组成了全新世的两次强气候突变事件,但两者有所差别:8200 事件主要表现为高、中纬度地区变冷,而 4200 事件主要是中、低纬度地区干旱。

在伊比利亚半岛,4200 事件以后建造的移动定居点被认为是这一地区严重沙漠化的证据。最近的研究表明,拉曼查青铜时代的莫蒂利亚山遗址可能是伊比利亚半岛最古老的地下水收集系统。这些是在 4200 事件期间,为解决当时的严重干旱问题而建造的。在波斯湾地区,这一时期的定居模式、陶器风格和坟墓都发生了突然的变化。4200事件前后的干旱,标志着乌姆艾尔 - 纳尔文化的结束。在非洲尼罗河流域,撒哈拉的淡水湖在4200事件前后全部干涸,埃及文明衰落被认为与严重的干旱事件有关。在印度河流域,4200事件前后的气候干旱也影响到了该地区的农业活动,并最终使具有发达社会组织的哈拉帕文明突然衰落,大批人口被迫东迁。

中国各地的新石器文化,如甘青地区的齐家文化、内蒙古岱海地区的老虎山文化、长江中下游地区的良渚文化、两湖地区的石家河文化和山东海岱地区的龙山文化等,也相继在这一时期出现衰落。

除了与古代文明的衰落有直接的联系,这次气候事件还被认为与欧亚大陆上印欧人的一次民族大迁徙有关。在中欧,4200事件之前,养牛业曾给北方带来繁荣,随着寒冷潮湿气候的到来,养牛所需的干草供应不足,造成德国北部和斯堪的纳维亚南部的印欧人不得不迁徙到东南欧、安纳托利亚半岛、波斯、印度甚至中国的西北部。当时欧亚大陆正处于一个剧烈的动荡时期,整个欧亚大陆都处于一片混乱之中,表现为游牧民族入侵、古老帝国衰落、旧社会制度瓦解、古代文明消失、古典文明兴起等。

第四部分

风云变幻

气候改变历史

4.1 气候冷暖交替与王朝兴衰交织的文明史

气有气候,物有物候。气候是大气物理特征的长期平均状态,时间尺度为月、季、年、数年到数百年以上,气候以冷、暖、干、湿这些特征来衡量,通常由某一时期的平均值和离差值表征。物候和气候相似,都是观测一年里各个地方、各个区域的春夏秋冬四季推移,它们都是地方性的变化。所不同的是,气候关注的是某地的冷暖晴雨,风云变化,例如某天刮风,某时下雨,早晨多冷,下午多热等等,据以推求其原因和趋向。物候关注的是植物的生长荣枯,动物的繁衍生息,例如杨柳绿、桃花开、燕子来等自然现象,从而了解随着时节推移的气候变化及其对动植物的影响。

中国历史上流传下来的文章典籍浩如烟海,这些典籍中保留了大量物候的记录,描述了植物的萌发、开花、结果和动物的迁徙、冬眠等活动,反映了节令的变化。仅中国古诗歌中便蕴含着极其丰富的物候知识,如北宋词人晏殊写过"燕子来时新社,梨花落后清明"(《破阵子》),新社是为春社,时在农历二月,人们祭祀土地神,祈求丰收。燕子飞来时,人们在进行春社祭祈活动;梨花纷纷落下之后便是清明节。再细观历史典籍,就会发现在不同历史时期,"燕子来、梨花落"的时间各有不同。夏商时的郯国(今山东郯城一带),用家燕的北来判定春分的到来。而在 20 世纪 30 年代的春分时节,家燕只飞到长江口一线。两相对照,如今的山东地区与三四千年前时相比年平均气温要低 1.5℃。

仅就人们熟知的"南橘北枳"而言,查一查这个词的历史出处就可以管窥不同历史时期气候变化的现象。"橘逾淮而北为枳"见于《周礼·考工记》,"南橘北枳"的成语出自《晏子春秋·内篇杂下》:"橘生淮南则为橘,生于淮北则为枳,叶徒相似,其实味不同。所以然者何? 水土异也。"意思是淮河以南的橘树,移植到淮河以北就变为枳树。《周礼·考工记》和《晏子春秋·内篇杂下》成书于春秋战国时期,可是到了西汉初期成书的《淮南子·原道训》中,却变化为"橘树之江北,则化而为枳"。

长江下游地区与淮河之间地理纬度差约 2°,南北地理跨度约 200 千米。"南橘北枳"的含义,从春秋战国时期的"橘逾淮而北为枳"演变为西汉初期的"橘树之江北,则化而为枳",这就意味着在 500 多年的时间跨度上气候温度有所下降。据史书记载,西汉初期,黄河中下游地区的小麦收获期已经比春秋时期大大推迟。

竺可桢是中国卓越的科学家,他在气象学、气候学、地理学、自然科学史等方面的造诣都很高,而物候学也是他呕心沥血做出重要贡献的领域之一,中国现代物候学的每一项成就都和他的工作分不开。竺可桢与宛敏渭联合撰写的《物候学》一书,是他多年研究物候学的结晶。他的《中国近五千年来气候变迁的初步研究》一文,博大精深,严谨缜密,为学术界树立了光辉的榜样,受到国内外学者的高度赞扬。竺可桢分析和总结了大量考古、物候、方志、仪器观测的资料,绘制了中国近 5000 年来气候变迁的温度曲线,这就是后来常常被人引用的"竺可桢曲线"。由图 4.2 中的曲线变化可见,中国历史典籍中记载的温度变化和欧洲冰川进退的海拔高度变化相一致,说明这种气候变化是全球性的,可谓是"环球同此凉热"。

■ 图 4.2
挪威雪线高度变化与
中国历史温度相对变化

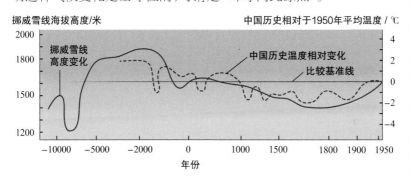

竺可桢利用中国文化的优势,以研究手段与资料依据为标志,将五千年的中国气候变迁大势分为四个时期:考古时期、物候时期、方志时期、仪器观测时期。

考古时期(约公元前 3000—公元前 1100 年)是尚无文献记录及文献极少的远古时代,这一时期的证据主要来自发掘遗址得到的考古资料。西安附近的半坡遗址是仰韶文化的重要文化遗址之一,大约存在于 5600 至 6000 年前。在这个遗址中发现原始人猎获的动物中有獐和竹鼠,现在这些动物只存在于亚热带,而不见于西安一带,从而推断当时的气候必然比现在温暖潮湿。河南安阳的殷墟遗址是殷商（公元前 1300—公元前 1046 年）故都所在地，在这里发现的动物亚化石除了水獐与竹鼠外，还有獏、水牛与野猪，甚至包括了今天只存在于热带的动物。此外，殷商留下来的甲骨中有数千件记载着与求雨、求雪有关的文字。从这些甲骨文中可以看出，当时安阳人种稻时间比现在要早一个多月。甲骨文中还记载了一位商王在狩猎中得一象，联系河南古地名"豫"——意为人牵象之地，可见当时的气候比现在温暖一些。再往东，在山东省历城县的一个龙山文化遗址中发现一块炭化的竹节。根据这些发现并对照今天黄河下游与长江下游各地的月平均温度与年平均温度，竺可桢认为，现在正月的温度比当时低 3—5℃，年平均温度低约 2℃。针对有人认为冰川时期以后气候不变的错误想法，他特别指出，历史时期的气候也是变化的，只是幅度较小而已。

物候时期（公元前 1100—公元 1400 年）与方志时期（公元 1400—1900 年）都是利用历史的物候记录来推断气候变化，区别是对方志时期的研究重点使用中国丰富的地方志，其物候记录更加集中，易于利用。古代虽然没有观测气候变化的气象仪器，但有丰富的物候记录。所谓物候是人观察到的一年之中何时降霜下雪、河开河冻、植物开花结果、候鸟春来秋往等现象。中国古代是农业社会，为了农事的需要，从西周（公元前 1046—公元前 771 年）开始就有了物候的观测。《夏小正》《礼记·月令》都记载了当时物候观测的结果。这种观测积 3000 年之久，经验丰富，记载翔实，是珍贵的历史气候研究资料。

周朝的文字最初是刻在青铜器上的金文，后来有更多刻或写在竹简上的文字。竹简的普遍使用以及当时许多以"竹"为头的文字，说明周初温暖，黄河流域普遍有竹类生长，与现在大不相同。到了周朝中期，气候转冷。《竹书纪年》记载，周孝王时期汉江结冰，分别发生于公元前 903 年与公元前 897 年。然而，一两百年以后的春秋时期,天气又再度转暖。竹子与梅树等亚热带植物在《诗经》里常被提及,例如《国风·秦风·终南》中记载:"终南何有?有条有梅。"终南山在西安以南,现在并无梅树的踪迹。战国、秦与西汉时期,气候温暖,到了东汉才有趋冷的记录,但为时亦不长。直到魏晋南北朝,气候才真正冷了下来,并在4世纪上半叶冷到极点,渤海湾连续冰冻3年,冰上可行车马军队。6世纪中期贾思勰所写的一部农业著作《齐民要术》很注意物候情况。书中提到,河南、山东一带的石榴树在10月中旬就要用蒲藁裹起来,否则会被冻死,可是今天在这些地方石榴可以在室外安全生长,无须裹扎。

隋唐以后,天气又变得暖和起来。据记载,650年、669年与678年的冬季,都城长安都无冰无雪。8世纪初,皇宫中长有梅树,种有柑橘。梅树只能耐寒到−14℃,柑橘则只能耐寒到−8℃,有梅有柑是气候温暖的证明。但到了11世纪初期的宋朝,北方已经没有梅树,可知气候冷于唐朝。12世纪,气候继续变冷。1111年,太湖不但全部封冻,而且冰上可以行车,湖上洞庭山的柑橘全被冻死。从1131年至1260年,杭州春雪最迟在4月上旬降雪,比公元1090—1099年的最晚春雪迟一个月左右。12世纪的寒冷地带从北方到华南与西南地区,1110年与1178年福州的荔枝全部被冻死。唐朝中期,四川的成都曾经生长过荔枝,诗人张籍的《成都曲》云:"锦江近西烟水绿,新雨山头荔枝熟。"但到了苏轼所生活的北宋,荔枝只能生长于成都以南的眉山了。到了南宋,据陆游的诗与范成大的《吴船录》记载,连眉山也不长荔枝了。

13世纪初期到中期气候有转暖的迹象,但到了14世纪,冬季又是严寒了。1329年与1353年太湖再次结冰。1351年11月时就有冰块顺着黄河漂流到山东境内,而现代的记载表明,河南与山东要到12月时河中才出现冰块。值得注意的是,从全球来看,气候变化似乎是由东往西推进。据科学家研究,俄罗斯平原的寒冷期约在

1350年开始；德国与奥地利在1429至1465年间气候开始显著恶化；有人认为1430年、1550年与1590年的英国饥荒都因天气寒冷所致。因此竺可桢认为："可能寒冷的潮流开始于东亚，而逐渐向西移往西欧。"

以上气候变迁的资料都是从十分零散的诗文、史籍中发掘出来的。到了明朝（公元1368—1644年），各类文献存世数量很大，难以穷尽，因此集中在地方志中收集物候材料是最合适的。在方志时期，竺可桢主要注意两种异常气候的出现：一是异常的严冬，即平常不结冰的河湖有结冰现象；二是热带平原冬天下雪结冰。根据方志记载，制作太湖、鄱阳湖、洞庭湖与汉江、淮河的结冰情况统计表以及两广热带地区降雪落霜情况的统计表，可以发现在15—20世纪中，中国的寒冷年份不是均等分布的，而是分组排列的。暖冬在公元1550—1600年与公元1720—1830年间，寒冬在公元1470—1520年、公元1620—1720年和公元1840—1890年间。以世纪来分，17世纪最冷，有14个寒冬，19世纪次之，有10个寒冬。再从最冷的17世纪选择两本书，将其中记载的物候材料作为旁证。其一是《袁小修日记》，记于明万历三十六年至四十五年（公元1608—1617年）的湖北沙市，另一是谈迁的《北游录》，记其公元1653—1655年在北京之见闻。两本书都详细记载了桃、杏、丁香、海棠等在初春开花的日期。与今天相比，袁小修记录的初春物候比现在武昌物候要迟7天到10天，谈迁所记的北京物候比今天的北京物候也要迟一两个星期。根据物候学的"生物气候学定律"就可以从等温线图中标出北京在17世纪中期的冬季温度较今低2℃。

仪器观测时期（1900年至今）在中国主要是18世纪末期以后的事。但在此之前，也有一些零星的观测记录。最早是18世纪中期耶稣会教士钱德明测量了北京公元1757—1762年间的日气温，19世纪北京建立了地磁气象台。19世纪前期还有西洋人在广州的气象记录,包括气温、雨量、风向等。这些记录虽与现代仪器观测结果的准确度有一定距离,但仍是很好的参考数据。

以上就是竺可桢先生用大半生的心血给我们勾勒的中国近五千年间气候变迁的大致脉络。历史时期的气候存在变迁过程,这在今天似乎已经成为常识,可是在八九十年前,欧美的大多数气候学家还认为,气候在历史时期是稳定的。竺可桢在青年时代就对这一说法表示怀疑,所以才以《南宋时代我国气候之揣测》为始,在50多年时间里,持续推进中国历史气候变化的研究。就在改定那篇扛鼎之作——《中国近五千年来气候变迁的初步研究》后的翌年,他就与世长辞了。人的一生有限,想做的事太多,但能立定脚跟将一件事做到底,并在科学研究领域里作出里程碑式贡献的人并不多。即使后来者的研究水平不断提高,竺可桢的这篇大作也足以彪炳千秋。

20世纪后期,新的测温、测年方法出现,高精度、实时的观测仪器覆盖了地球表面的大部分地区,各国科学家都在努力为全球气候变化的研究做贡献,万年来的气候变化脉络越来越明晰。4200事件后,中国进入以二里头文化为代表的青铜时代,夏朝诞生,全球气候进入了一段温暖的时期。

五千年的文明史中,暖期与冷期不断交替,王朝的兴衰不断更迭,文明在温暖时期高速发展:春秋霸业、秦汉一统、唐宋盛象,汉族开疆拓土向北发展;在寒冷期土崩瓦解:东周衰落、两晋分裂、东晋十六国、明清冰期,汉族社会分崩离析,游牧民族向南发展。气候变化像一只无形的巨手,推动历史长河中王朝的兴衰,气候变迁与王朝更迭共同织成了一幅社会文明发展的长卷。

4.2 寒冷造成的饥馑和离散

中国五千年来历史朝代的兴亡盛衰和气候变迁相关(图4.3)。自公元前2070年夏朝出现以来,中华大地经历过4个气候冷期,这几个冷期无不与改朝换代、游牧民族南侵、社会分裂、饥饿战乱的时代交织在一起。《礼记·中庸》写道:"国家将兴,必有祯祥;国家将亡,必有妖孽。""国家将亡,必有妖孽"意思是国家将要灭亡必定有某种征兆。"妖孽"是指物类反常现象,泛指灾祸。草木之类称为"妖",虫豸之类称为"孽"。历代的正史和野史对与此相关现象的记载比比皆是、不胜枚举。不仅一般人对此津津乐道,就连正统儒学的经典也认为这种现象是对世人的警示,是对治国者的警戒。

其实,撩开神秘的迷雾,将物类反常现象置于气候冷暖变化的背景下来看,恰恰与前面物候学所讨论的现象一致。植物、动物和环境等世间万物的变化都受自然规律的支配。历史上那些以农业经济为基础的古代集权制社会,在文明高度发展带来文化和经济昌盛的同时,因统治阶层无节制的占有和挥霍以及底层大众的相对贫困,加深了阶级矛盾。一旦气候条件变化带来一系列灾变,就会引起社会的不稳定。

4.2.1 气候转折下的商周王朝更替

中国自夏商以来,历史上的第一个气候冷期是公元前1100—公元前771年,商朝被周朝取代就发生在这段时间里。

商朝的历史长达500多年,可分为早期、中期和晚期三个发展阶段。公元前1600年到公元前1500年属于商朝早期,公元前1500年到公元前1300年属于商朝中期,公元前1300年到公元前1046年属于商朝晚期。河南安阳的殷墟遗址就是商朝晚期的都城,与商朝晚期丰富的文化遗存相比,商朝早、中期的300年就显得"默默无

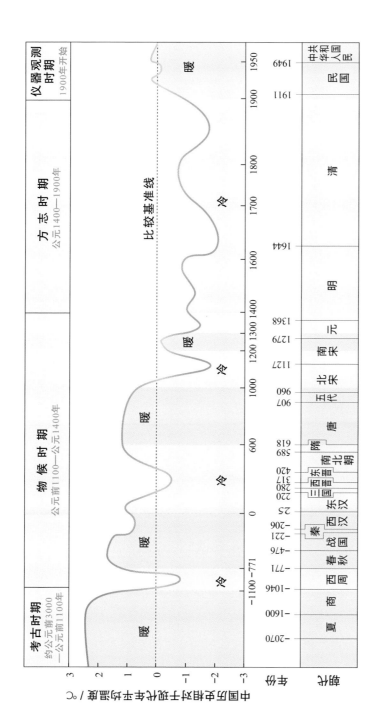

■ 图 4.3
气候变迁与王朝更迭
的卷轴

闻"。今天我们对商朝文明的认识绝大部分来自于对商朝晚期的发现。

20 世纪以前,商朝的历史和夏朝的历史一样,都只存在于古代文献的记载之中,少有实物佐证。1899 年,清朝国子监祭酒王懿荣患病,差人去药房购药。王懿荣不仅是一位金石学家,也略通医术。在检视购回的药材时,他发现一味被称为"龙骨"的药材上竟然刻划着一些曲折的符号。经研究,王懿荣认为这是商朝的文字,因为都刻写在龟甲或兽骨之上,所以称其为"甲骨文"。此后,著名学者罗振玉从甲骨文中辨认出许多商朝国王的名号,从而确认甲骨文是商朝文字。根据甲骨的来源,人们最终在今天河南省安阳市小屯村找到了商朝晚期的都城遗址——殷墟遗址。1928 年起,殷墟考古发掘正式开始,考古工作直到今天仍在继续。近百年间,殷墟遗址共出土甲骨 15 万余片,发现多处大型建筑基址、车马坑以及包括商王在内的许多大型贵族墓葬。

■ 图 4.4
商朝甲骨及其上的文字,内容是卜问会不会下雨

卯鸟星刻辞收录在《殷墟文字丙编》二〇七

"丁亥卜,(南夊)贞:翌庚寅侑于大庚。"
"贞:翌辛卯侑于祖辛。"
"丙申卜,(南夊)贞:来乙巳酒下乙。王占曰:酒隹有夊。其有戠(异)。"
"乙巳酒。明雨。伐。既雨。咸伐亦雨。(虫夊)卯。鸟星。"
"丙午卜,争贞:来甲寅酒大甲。"
"侑于上甲。"

贞人先贞问了要不要以酒祭祭祀下乙,但商王的占辞说:"举行酒祭大概会有不好的事情吧?恐怕会有异常的事。"结果,乙巳日举行酒祭时,果然下起了雨,举行伐祭时雨停了,伐祭结束后又下起了雨。其中的鸟星,李学勤先生说是快晴的意思,也就是很快就放晴了。

甲骨文是中国迄今已发现的最古老的文字,商朝车马陪葬坑中的马车遗迹是中国迄今已发现的最早的车辆实物。青铜器虽然早在夏朝就已出现,但那时青铜器的种类和数量都很少,铸造工艺也比较简陋。直到商朝,尤其是商朝晚期,青铜文明的发展才达到高峰。青铜器不仅种类丰富,数量众多,而且工艺精湛,艺术水准极高,

仅殷墟妇好墓一座贵族墓葬就有陪葬青铜器468件,迄今已发现的体量最大的青铜器"后母戊鼎"也铸造于商朝晚期。商朝是中国历史上最早的一个传世文献与出土文物能够互相印证的王朝,商朝的诸多发现丰富了人们对上古时期文明的认识和了解。

商朝是中国古代奴隶制的发展时期。奴隶制下,奴隶是属于奴隶主的个人财产,奴隶主可以像处置牲畜一样对待奴隶。奴隶主祭祀和下葬时,都会杀死大批奴隶以供奉墓主、祖先或神灵,这些被处死的奴隶称为"人牲"。武丁是商朝晚期最著名的商王,根据武丁时期673片甲骨、1006条卜辞的统计,这一时期共使用人牲9021人,最多的一次竟多达500人。这些人牲绝大部分来自战俘,王朝需要不停地对外征伐才能保证人牲的数量。商朝晚期,以殷墟为代表的城市文明、青铜文明以及大规模的祭祀和人牲现象都是商朝国力鼎盛的表现,而这一切都建立在一个非常温暖的气候暖期基础之上。

通过对殷墟遗址、动植物遗存的研究和对甲骨卜辞的分析,我们能够在一定程度上了解商朝晚期殷墟遗址所在地的气候状况。20世纪40年代,著名甲骨文专家胡厚宣发现,殷墟出土的甲骨文中有不少求雨或求雪的卜辞。雨雪与农业生产密切相关,这些求雨、求雪的卜辞绝大部分集中在一年中的前几个月,这也是农业播种生长的关键时段。胡厚宣分析发现,商朝晚期,求雪的卜辞远远少于求雨的卜辞,根据卜辞内容分析,殷都附近水稻播种的时间大约在3月,与今天安阳地区4月中旬的水稻播种期相比,提早了至少一个月。这一现象表明,商朝晚期殷都一带的气候比今天温暖。

分析殷墟出土的动植物遗存以及甲骨文记载的动物种类,也能得到同样的结论。20世纪三四十年代,中外学者曾对殷墟遗址出土的动物骨骼进行了鉴定,确认了29种动物的存在,其中数量较多的有猪、牛、圣水牛、麋鹿、梅花鹿、獐、犬、虎、獾、熊、马、兔、竹鼠等,数量较少的有象、犀牛、貘、山羊、猴等。这些动物中,獐和竹鼠是典型的亚热带地区动物,目前只分布于秦岭—淮河以南,而黄河以北的安阳属于温带季风气候区,气候条件不适合这些动物的生存。貘和圣水牛现在已经在中国境内绝迹,只生活在东南亚的热带丛林中。殷墟出土的甲骨文中,不时能够看到"兕"这个字,它是犀牛的古称。目前全世界存活的犀牛只有五种,其中三种生活在亚洲,分布于印度、越南、马来西亚、印度尼西亚等低纬度地区。中国境内的犀牛在1922年已全部绝迹,但是在殷墟出土的甲骨文中,犀牛的名称经常被提到,甚至还出现了一次猎捕 100 头以上犀牛的记载。这些记载说明,在 3000 多年前的商朝晚期,殷都附近生活着大量的犀牛。

在殷墟甲骨卜辞提到的各种动物中,象对商人来说有着特殊的意义。殷墟遗址位于今天河南省境内,而河南省的简称"豫"就与大象有关。有学者曾经整理并注释了一些与猎象有关的卜辞(表4.1)。

■表 4.1
卜辞原文与释文对照表

	卜辞原文	卜辞释文
1	于癸亥日省象,易日。	于癸亥那天狩象,天气阴蔽吗?
2	今夕其雨,象。	今晚下雨了,能捕获到大象吗?
3	贞令目象,若。	令人去察看大象的行踪,顺利吗?
4	乙亥王卜贞,田,往来亡灾,王占日吉,象七,雉卅。	乙亥日王卜问,田猎于地有无灾祸?王占卜后说,很吉利,果然猎到七头象和三十只雉。
5	壬……,田。……亡灾,……兹(御)……象……。	壬某日卜问,田猎于地有无灾祸?此卜应验,抓到象若干。
6	……王卜,贞田,往来亡灾,王占日:吉。兹御,……一百四十八,象二。	王卜问,田猎于地,有无灾祸?看了卜兆后王说:很吉利。果然抓到……一百四十八,两头象。

从以上卜辞可以看出,商人打猎时经常可以捕获大象,说明当时殷都一带人象数量较多。因为大象都是成群活动,所以有时一次能猎到七头之多。猎象之前,商人还会观察天气,事先了解象的行踪,这说明商人猎象时都有周密的安排,对猎象很有经验,这些都说明在商朝晚期的殷都附近,猎象行为十分普遍。商人猎象主要用于

祭祀和制作工艺品,除象骨、象牙及象牙制品外,在殷墟遗址还发现了祭祀用的象坑,在其中一座象坑中,人们发现用于祭祀的大象颈脖上系有铜铃。铜铃的出现意味着驯象的存在,商人捕捉大象驯养后,用于生产活动甚至军事活动。《吕氏春秋》曰:"商人服象,为虐于东夷。"如其所说无误,商朝可能已经出现专门训练的用于战斗的象兵。

今天中国境内的大象仅分布于云南省南部西双版纳的热带雨林中,但历史上大象的分布区域非常广阔,至少在商朝晚期,殷都的周边还活动着大量的象群。卜辞中猎象的记载说明商人手中的大象并非来自南方,至少大部分是就近捕捉的。3000多年后,大象的分布区域极度萎缩。历史上象群的缩减有着多种原因,为获取象牙的过度捕猎以及战乱和人口增长带来的生态环境破坏等都可能造成象群的消失,但气候变化肯定是其中最重要的原因。在商朝晚期的气候暖期,殷都和今天长江流域一样,呈现出一派暖润的亚热带风光,加之当时人烟稀少,大象可以成群地生活在殷都周围的密林中。商朝以后,气候由暖湿变为干凉,适宜大象生存的区域逐渐南移,今天安阳一带再也没有了大象的身影。

商朝晚期的温暖气候在殷墟遗址发现的一些植物遗存上也有所体现。1975年,在殷墟遗址出土的一只青铜鼎中,考古工作者发现了一些果核。经鉴定,这些果核属于梅子,是梅树的果实的核。今天,梅树是典型的南方树种,野生梅树最北只能生长于今天四川北部、陕西南部、湖北、安徽南部、江苏南部至浙江北部一线,安阳所在的豫北地区不可能有野生梅树生长。如果殷墟出土的梅子核的确来自本地生长的梅树,只能说明商朝晚期殷都一带的气候非常温暖,以至于梅树都能在这里生长。

科技研究手段也证实了商朝晚期气候暖期的存在。冰川是高纬度地区或高海拔地区降雪终年不化、长期堆积的结果。冰川内部氧同位素的含量与冰川形成之时的气温密切相关。通过提取冰川内部的冰芯分析氧同位素含量,发现在距今3300—3100年,全球都处于一个明显的气候暖期。竺可桢根据历史文献和考古证据推测,商朝晚期殷都一带的年平均气温可能比今天高出2℃左右,相当于现在长江流域的年平均气温水平。正是这一难得的气候暖期,带来了适宜农业生产的气候条件和丰富的物产资源。商人在殷都定居下来,凭借千年难遇的优越气候条件,创造了辉煌的文明。

商朝晚期绝大部分时间都位于这一气候暖期内,从公元前1100年左右开始寒冷期降临了,中华大地进入了一个持续百年的气候冷期。这一时段正好与历史上的商末周初相对应,一场改变历史的王朝更替便在气候变化的背景下拉开了帷幕。

记载上古史事的文献资料非常稀少,但仍能从中发现商末周初气候变冷的种种迹象。根据《竹书纪年》记载,洹河在公元前1110年时,曾经在一天之内断流三次。河流断流说明水量近于枯竭,这是降水稀少、气候干旱的表现。气温降低会使地表水蒸发减少,在非夏季季风季节,尤其是冬季,会导致降水稀少。文献记载没有明确说明洹河断流的季节,但这一现象与气温偏低导致的结果是相符的。

《竹书纪年》曰:"帝辛五年,雨土于亳。""帝辛"就是人们熟知的商纣王,商朝的最后一位君王。据《夏商周断代工程:1996—2000年阶段成果报告》,商帝辛五年为公元前1071年。据《竹书纪年》记载,公元前1071年,亳这个地方的尘土像雨一样落下来,这一现象在今天被称为"沙尘暴"。沙尘暴的形成要有足够的沙源、较强的风力和较少的阻挡。亳是商朝旧都,有南亳、西亳、北亳之分,位于今天河南省东中部到北部一带。商朝晚期,这里气候湿润,森林遍布,野象成群出没,应该没有发生沙尘暴的可能性。但是,在公元前1071年的商朝末年,这里却发生了沙尘暴,只能说明河南一带的气候已经发生了很大变化。商朝晚期的暖湿变为商朝末年的干冷，而且干冷的气候应该已经持续了相当长的时间，以至于自然环境都有了显著变化。土地干燥裸露，形成沙源，森林大片消失，尘暴畅通无阻。

对农业社会来说，气候变冷导致的干旱或洪水都会严重影响农作物的收成，造成饥荒。《竹书纪年》曰："帝辛三十五年，周大饥。西伯自程迁于丰。"商帝辛三十五年（公元前 1041 年）的时候，周人生活的区域发生大饥荒，周文王姬昌不得不带领族人迁居。虽然未见其他记载，但因为气候对区域的影响很大，可以想见，商朝末年商人和周人都遭受了气候变冷带来的不利影响。但是，同样不利的气候因素，对商人和周人的影响却不尽相同。

从《史记》的记载可以看出，周人是一个擅长农耕的部族，他们的始祖弃在尧舜时期便负责管理国家的农业部门，弃的儿子不窋在夏朝大概也担任类似的职务。虽然后来部族遭遇变故，周人不得不与游牧民族杂居，但他们始终保持着农业生产的习惯，并因此积蓄财富，奠定了周人日益强大的经济基础。农业生产是周人的强项，可以想见，他们一定掌握了比其他部族更先进的农业生产技术。与此相对照的是，史籍记载中的商人，从未与农耕有过联系，反而保留着一些游牧生活的印迹。同样面对气候变冷的局面，周人凭借比较先进的农业生产技术，能够在一定程度上抵消气候变化造成的不利影响，而商人更多的只能靠天吃饭，因此损失更大。此消彼长，商和周的国运便悄然发生变化，几十年间，周人便从商朝西陲的一个小小方国崛起，成为商朝最大的威胁。

商朝末年，因为气候变化，四境都受到其他部族的侵扰。此时的商朝国力衰落，已经不能像商王武丁时期那样四处征伐，所以不得不采取重点进攻的军事策略。从文献记载可以看出，商朝西面和北面的军事行动全部由周人承担，基本没有王师出动的记载，由此推测商军的主力可能大多用于东部山东半岛和南部江淮流域的作战。上古时期,生活在东部沿海一带的部族统称为"东夷"。《后汉书·东夷列传》曰:"至于仲丁,蓝夷作寇。自是或服或畔,三百余年。武乙衰敝,东夷浸盛,遂分迁淮、岱,渐居中土。"商朝中期,东夷就与商朝发生冲突。商朝末年,王室势力衰落,东夷趁机入侵,势力到达江淮流域和山东半岛。这些地方或邻近大海,或纬度较低,在商末气候变冷的大背景下,自然条件比黄河中游一带更加优越,对商朝有着非常重要的战略意义,因此商王派遣主力长期征伐。与东夷的长期征战大大消耗了商朝的国力,同时也使商朝统治的核心地区军力空虚。当周军长驱直入,杀到殷都附近时,商军主力远在东南,只能武装大量奴隶和战俘参战,士气全无,以至兵败如山倒。貌似强大的商朝,顷刻之间土崩瓦解,《左传·昭公十一年》曰:"纣克东夷,而殒其身。"《左传》对商纣王的军事策略持批评态度,认为正是对东夷的长期征伐,消耗了商朝的国力,以至于身死国灭。实际上,这一批评并不正确。在气候变冷的大背景下,在国力不足的现实面前,商朝放弃西北而力保东南,是一个相当明智的政治决策。假以时日,商朝的政治中心或许会逐渐南移,也可能在熬过这段艰难时光后再度强盛。只可惜天不假年,曾经强大一时的商朝不得不在自然力量和竞争对手的双重打击下,永远退出了历史舞台。

商末气候变冷,导致了商亡周兴的改朝换代事件。如果较冷的气候一直持续,新兴的西周王朝也可能动荡不安。幸运的是,西周初年气温逐渐回升,迎来了一段难得的气候暖期。竺可桢认为,今天的许多汉字在西周时期便逐渐成形。汉字多为象形字、形声字和会意字,他根据许多汉字都有"竹"字偏旁的现象,推测西周时期的黄河流域有竹子生长,气候应该比较温暖。

温暖的气候带来良好的收成。在农业社会,农业生产的有序进行,就是国家安定的基本保证,这一点在古代文献中也有反映。《竹书纪年》曰："成、康之际,天下安宁,刑措四十余年不用。"说的是周成王和周康王统治时期,天下安宁,以至于有 40 多年都没有用过刑罚。周成王是周武王的儿子,周康王是周成王的儿子,他们是西周初年的两位统治者。文献没有解释"天下安宁"的原因,但除了政治清明之外,温暖气候条件下的风调雨顺应该是更重要的原因。农业收成好,衣食基本无虞,人民才能安居乐业,国家才能稳定安宁。如果气候偏冷,水旱频繁,很难想象国家将如何保持 40 多年和平稳定的局面。

但是,西周初年的气候暖期并没有持续很长时间,距今约 2900 年,气候又开始变冷。西周前期周成王、周康王、周昭王、周穆王 4 位周王统治时期,基本处于西周初年的气候暖期内,这也是西周王朝最强盛的时期。在古代文献记载中,多有这一时期周王出巡或统兵征伐的记载。据《竹书纪年》记载,周康王十六年(公元前 1005 年),周王南巡,到达九江庐山。周昭王十六年(公元前 980 年),周王亲自率军征讨南方楚国,到达今天汉江流域。周穆王时期,周王出巡或征伐次数显著增多,共有四次,足迹遍及东南、西北和北方。民间传说中西王母和周穆王的故事便源于穆王时期一次西征昆仑的行动。目前一般认为,西王母是当时中国西北一个部族的女性首领。从康王到穆王,周王出巡或征伐的次数逐渐增多,反映了西周王朝从早期休养生息到中期逐渐强盛的发展历程。穆王在位 55 年,统治时期的多次出巡或征伐,也和他在位时间很长有关。周王的每次出巡或征伐,都需要大量人力和财力的支持,规模越大,距离越远,消耗越大。周穆王能够多次出行,足见西周中期国力的强大。不过,值得注意的是,周穆王时期有两次军事行动,征伐的对象都是戎族,分别是犬戎和徐戎,其中犬戎是明确的北方游牧部落。这一记载表明,西周中期周朝已经和北方游牧民族发生冲突,也许在那一时期,气候已经开始发生变化。

古气候的研究成果表明,大约在公元前 9 世纪上半叶,中原气候就已转冷,这一气候冷期一直持续到东周初年。在穆王及之前的西周文献中,看不到气候较冷的记载,反而出现了秋天桃李开花的反常温暖记录。但是此后,气候变冷的记载逐渐出现,再也不见气候温暖的记录。据北宋《太平御览》记载:"周孝王七年,厉王生,冬大雨雹,牛马死,江、汉俱冻。"在今天的气候条件下,长江流域的河道在冬天不会封冻,但在周孝王七年(公元前 885 年),冬天下起了巨大的冰雹,牛马都被冻死,长江和汉水都已封冻。"雨雹"的记载还出现在周夷王七年(公元前 879 年)的冬天。据《夏商周断代工程:1996—2000 年阶段成果报告》,周孝王和周夷王统治时期都在公元前 9 世纪上半叶,说明那个时候气候已经转冷,在周孝王七年、周夷王七年等个别年份,气候甚至比今天还要寒冷。直到西周末年,都有气候较冷的记载。据《竹书纪年》记载:"幽王四年,夏六月,陨霜。"周幽王四年是公元前 778 年,距离西周灭亡只有不到十年时间。那年夏天,居然出现了冰霜。西周时期的六月相当于今天的农历四月(公历 5 月),这个时节下霜,足见当时气温之低。这说明,直到西周末年,气温一直处于偏低的状态。文献记载的内容和古气候的研究成果基本吻合,证明西周中后期的 100 多年一直处于气候冷期。

西周后期,游牧部落的侵袭是西周王朝必须要面对的更为严重的挑战。由于气候变冷,降水减少,北方草原地带的牧草大量退化,游牧部落不得不向南迁徙,进入传统的农业生产区域,与农业部落争夺生存空间,这便是历史上北方游牧民族频频南侵的主要原因。西周前期,气候温暖,适宜放牧的区域广大,农牧冲突并不突出。西周后期,随着气候变冷,游牧民族大量南下,史籍中的农牧冲突便不绝于书。在《竹书纪年》中,从周懿王七年(公元前 893 年)到周幽王六年(公元前 776 年)的 117 年间,共记载了 14 次抵御外部入侵和对外征伐的军事行动,除 1 次抵御东夷入侵外,其余 13 次军事行动的对象都是北方或西北地区冠以"戎"名的游牧部落。

公元前 11 世纪,因为气候变冷,商朝曾经面临北方游牧民族的严重威胁。200 年后气候冷期再次降临,西周王朝也不得不面对同样的困境。商朝的统治中心位于今天河南省东北部和山东省西南部一带,与北方和西北游牧部落距离较远,而西周王朝定都关中,与西北游牧部落比邻而居,几乎没有任何战略缓冲的空间。当气候变冷,北方游牧民族大举南迁之时,西周王朝所面临的军事压力远远大于 200 年前的商朝。

在内部经济不断衰退和外部压力不断增加的双重打击下,军事失利便成为必然的结果。周宣王统治后期,王师与北方游牧民族的一系列战争均以失败告终。周幽王统治时期,面对周边的军事威胁,王室已无力抵抗。对北方游牧民族来说,随时都可以发动对西周王朝的毁灭性打击,等待的只是一个合适的战争契机。

这个合适的契机很快便到来。周幽王即位后,封申国国君申侯之女为王后,立申后之子宜臼为太子。后来周幽王宠爱褒姒,为博美人欢心,留下了"千金一笑"的成语和"烽火戏诸侯"的历史典故。

■ 图 4.5
"烽火戏诸侯"的故事
发生在西东周之交的
气候冷期

周幽王八年(公元前 774 年),周幽王废申后,立褒姒为王后,废太子宜臼,改立褒姒所生之子伯服为太子。西周时期,王室联姻关系以

及王位继承人的选定,都是政治需要和权力分配的结果。周幽王的废立举动打破了之前的权力平衡,为国家动荡埋下了伏笔。被废黜的太子宜臼投奔申国,势力受到损害的申侯便联合缯国和犬戎,向周王发动进攻。周幽王十一年(公元前 771 年),犬戎攻破镐京,将

周幽王和太子伯服杀死于骊山之下,西周灭亡。

周幽王死后,投奔申国的前太子宜臼在申侯、鲁侯、许文公的支持下登基,即周平王,是为东周的开始。周平王即位第二年(公元前769年)就在郑国、秦国、晋国等诸侯国军队护卫下,迁都成周(今河南洛阳)。从此,周王室再也没有返回关中。远离故土的东周王室,权威一落千丈,实际控制的土地也只有今天的洛阳及其周边的一小片区域,国力仅相当于一个小规模的诸侯国。此后,历史舞台的主角是那些幅员辽阔、人口众多的诸侯大国,在有利的气候条件下,他们纵横捭阖,变法图强,翻开了中国历史新的篇章。

4.2.2 秦汉时期到魏晋南北朝的战乱和迁徙

中国自夏商以来,历史上的第二个气候冷期是公元1—600年,从西汉末年到南北朝,农民起义、豪强割据、国家分裂和北方游牧民族入侵中原就发生在这段时期。

秦汉时期是中国历史上第一个大一统时期,也是统一多民族国家的奠基时期。这是一个气候温暖的时期。公元前221年秦灭六国,首次完成了真正意义上的中国统一。秦王嬴政改号称皇帝,建立了中国历史上第一个中央集权制的国家——秦朝。秦始皇废除分封制,代以郡县制,开始实行全面的统一。由于缺乏历史经验,秦朝经二世而亡。在经过短暂的分裂之后,汉朝继之而起,并基本延续秦朝的制度,史称"汉承秦制"。

总体而言,秦汉时期气候相对温暖,虽然也出现了多次多年代际的冷暖波动,但冬半年平均气温较今高约0.24℃。最暖的30年出现在秦末汉初(公元前210—公元前180年),冬半年平均气温较今高约1℃。农业与牧业交替的地区,对气候变化极为敏感,这也是中国北方可耕地范围盈缩频繁的地区。研究表明,若平均气温降低1℃,中国各地气候带将向南推移200—300千米;若年降水量减少

100 毫米,中国北方农区将向东南退缩 100 千米,在山西和河北则为 500 千米。换言之,气候变暖变湿,意味着中国农区向北扩张,宜农土地增加。与之相对应,秦汉时期农业得到迅速发展,农业种植北界向北推进到河套以北地区。中国历史地理学家谭其骧根据现代内蒙古境内长城之外的市、县数少于汉时的变化事实,认为“那个时候适宜农业耕种的地方要比现在多,农业区比现在广阔”。据考古发掘结果看,现代居延海附近与乌兰布和等地的沙漠,在当时也遍布着农垦据点。

但是到了东汉末年,中国气候进入了一个长达近 400 年的寒冷时期,即东汉末年至南北朝的寒冷期。公元 210—570 年,中国东中部地区冬半年平均气温较今低约 0.26℃,其中,最冷 30 年出现在南北朝中期(公元 481—510 年),冬半年平均气温较今低约 1.2℃;西北地区的许多冰川在这一时期均有一定程度的扩张,青藏高原地区年平均气温较今低约 0.8℃。在这个寒冷期,北方农区大幅度向南退缩,牧区甚至进到华北平原。由于大片农区转变为牧区,这对中国古代北方农业经济无疑是一次沉重打击。

气候变化直接或间接影响农牧业,当粮食减产时,饥荒、灾害、社会混乱甚至战争就在所难免,从而引发政权不稳定、人口锐减、文明停滞或衰落。东汉晚期(公元 180—220 年)气候又趋寒冷,当时中国东中部地区气温较今低约 0.2℃。据史载,东汉光和六年(183 年)冬,“大寒,北海、东莱、琅邪井中冰厚尺余”;东汉初平四年(193 年),“六月,寒风如冬时”。东汉光和七年(184 年),政府腐败,宦官外戚争斗不止,边疆战事不断,国势日趋疲弱,又因全国大旱,颗粒无收而赋税不减,走投无路的贫苦农民在钜鹿人张角的号令下,纷纷揭竿而起,他们头扎黄巾,高喊“苍天已死,黄天当立,岁在甲子,天下大吉”的口号,向官僚地主发动了猛烈攻击,并对东汉的统治产生了巨大的冲击。为平息叛乱,各地豪强纷纷派兵,虽然起义以失败而告终,但军阀割据,东汉政权名存实亡的局面已不可挽回。220年,曹丕逼迫汉献帝让位,改国号魏,东汉灭亡,中国进入分裂的三国争霸时代。整个社会动荡不安,仅三国鼎立后的45年里,就爆发了70多次战争。

汉灵帝末年至三国时,人口开始转向负增长。史料虽然对此阶段的人口数量无明确记载,但相关描述足见人口损失之惨重。例如,曹操《蒿里行》记载:"白骨露于野,千里无鸡鸣。"曹植《送应氏二首》云:"中野何萧条,千里无人烟。"据专家推算,东汉建安二十五年(220年)的人口数为2300万左右,相比东汉中平五年(188年)的6000万人口数,减少了一半多。东汉晚期人口大量减少的原因,固然与大规模的战乱有关,但应指出,在骤然变冷的气候条件下,农业收成变差,百姓衣食无着,也是引发人口骤减的重要原因。另外,在寒冷的气候条件下,疫病也呈现上升趋势,尤其是东汉末年,瘟疫肆虐,也使得人口大量损失。东汉建安二十二年(217年)江淮地区遭遇了一次重大疫情。曹植在《说疫气》一文中描述了这场灾难:"建安二十二年,疠气流行,家家有僵尸之痛,室室有号泣之哀。或阖门而殪,或覆族而丧。"当时站在中国文学高山顶峰的"建安七子",除孔融、阮瑀早死外,另外五人(徐干、陈琳、应玚、刘桢、王粲)都死于这场瘟疫。撰写《伤寒杂病论》的张仲景所在的家族本来是个大族,人口多达二百余人。自建安初年以来,不到十年,有三分之二的人因患疫症而亡,其中死于伤寒者竟占十分之七。成千累万的人被病魔吞噬,造成了十室九空的空前劫难。

三国(公元220—280年)是上承东汉下启西晋的一段历史时期。220年曹丕篡汉称帝,定都洛阳,国号魏,史称"曹魏",三国历史正式开始。次年刘备称帝,定都成都,国号汉,史称"蜀汉"。229年孙权称帝,定都建业(今江苏南京),国号吴,史称"东吴"。三国早期,中国气候承接东汉以来的变冷趋势,总体比今天寒冷。据《建康实录》和《晋书》载,三国吴嘉禾三年九月(234年10月)南京一带出现"陨霜杀谷",初霜出现的日期比现代的平均日期提前了30多天,次年七月(235年8月)南京一带有陨霜,初霜的日期至少比现代的平均日期提前了70—80天。由于气候转冷,三国时江淮一带结冰现象甚为普遍。三国魏黄初六年(225年),魏文帝曹丕在广陵(今江苏扬州一带)的淮河边视察10多万士兵演习,水上军演因淮河水道冻结被迫停止。据竺可桢考证,这是史书第一次记载淮河结冰。

此后的数十年内,蜀汉诸葛亮、姜维多次率军北伐曹魏,但始终未能改变三国鼎立的格局。曹魏后期的实权渐渐被司马懿掌控。263年,曹魏的司马昭发动魏灭蜀之战,蜀汉灭亡。两年后司马昭病死,其子司马炎废魏元帝自立,建国号为晋,史称"西晋"。280年,西晋灭东吴,统一中国,至此三国时期结束,进入晋朝。

晋武帝(司马炎)死后不久,宗室间便爆发"八王之乱",北方游牧民族乘机起兵,导致"永嘉之乱",黄河流域从此进入"十六国"纷争时代。在战争和气候灾害共同作用下,北方的匈奴、鲜卑、羯、羌、氐等游牧民族相继进入黄河流域,中原地区的汉民被迫大量南迁。西晋灭亡后,晋朝宗室司马睿在江南重建晋王朝,史称"东晋"。420年,刘裕代晋,改国号为宋,东晋亡。自此,中国进入了划江分治的南北朝阶段。439年鲜卑拓跋部建立的北魏重新统一北方。589年,原北周大臣杨坚建立的隋朝灭掉南陈,统一南北方,中国长达近400年的分裂局面终告结束。

魏晋南北朝是中国历史上政权更迭最频繁的时期。据统计,在魏晋南北朝370年的时间里,共发生战争605次,年均达1.6次,战事之频繁为历史之最。除了西晋(公元265—317年)有短暂统一外,近400年间中国一直处于分裂状态。长期的封建割据和连绵不断的战争,以及西晋"永嘉之乱"的爆发,导致了中国历史上第一次大规模的人口南迁。这时,以北方黄河流域为重心的经济格局也开始改变。南方相对稳定的社会环境,加上北方涌入的大批难民,使土壤肥沃的长江流域逐渐繁荣起来。这一时期的文化发展也带有分裂割据的烙印,不同地域和民族的文化风格迥异。但另一方面,汉文化与游牧文化相互影响,交相渗透,促进了经济的恢复和发展,民族大融合的形成也为隋唐时期的社会繁荣奠定了基础。

4.2.3 小冰期中文明停滞的明清帝国

全球气候在经历了中世纪暖期后,于宋元之际(1260 年前后)开始转冷,从 15 世纪初开始,全球进入一个寒冷时期,通称为"小冰期"。

元朝统治虽不足百年,但史籍中所载的灾害年均次数却比以往朝代更多,灾情也更加严重。元朝期间共发生大疫 16 次;蝗灾记录达 68 年,共计 84 次;北方地区有 44 个霜冻年;长江流域共发生 39 次洪涝,是该地区过去一千年来洪涝发生次数最多的百年。频发的自然灾害导致元朝"十年九荒"。据统计,元中统元年到元至正二十八年(公元 1260—1368 年)的 109 年中,共有 87 年有饥荒记载。因此,救济和安置灾民长期困扰着元朝政府。本为富庶之地的江浙各地"庐舍荡析,人畜俱被其灾""死者相枕藉,父卖其子,夫鬻其妻,哭声震野"。

元朝末年,无论是上层统治者还是下层官吏,都贪污腐败成风,皇帝不知体恤百姓,骄奢淫逸。元朝统治者把全国人分成四等,并且对这四个等级的人给予不同的待遇。蒙古人受到的待遇最高,其次是色目人,蒙古贵族就是利用他们统治南人和汉人。南人的地位最低,最受歧视和压迫,这种歧视和压迫贯穿到经济、政治、军事、文化等一切领域。另外,那些自耕农负担更加繁重,地租苛重,生活穷困,家破人亡,很多人成为佃户或流民,而元朝统治者却过着穷奢极欲的生活,导致国库亏空。元朝统治者要弥补亏空,只有加重税收,苛捐杂税名目繁多,全国税额比元初增加 20 倍。统治者的横征暴敛使得百姓家破人亡,无计为生。民族矛盾和阶级矛盾日益尖锐,起义战争一触即发。再加上中原连年灾荒,走投无路的贫苦农民忍无可忍。要活命,要改变现状,就不得不拼死杀出一条生路,农民起义四处蜂起。

元末农民起义是指元至正十一年到二十七年(公元 1351—1367 年),元朝农民进行的反抗并推翻元朝的武装斗争。乱世出英雄,朱元璋趁元军疲于对付北方红巾军,无暇南顾之机,采取一系列有效措施,逐渐发展壮大。他采取先西后东、先强后弱的战略,在具体作战中,稳步推进,集中优势兵力,先剪枝叶,再动摇其根本,从而削平群雄,统一了江南,为北上灭元奠定了雄厚的物质和军事基础。公元 1368 年,朱元璋在控制江南全境后,于应天府(今江苏南京)称帝,国号大明,年号洪武。

明朝初期(公元 1368—1403 年)气候好转,为新建立的大明帝国提供了机会,使朱元璋有条件大兴屯田,降低赋税,发展生产,为明朝的帝业奠定基础。1398 年朱元璋驾崩,其孙朱允炆即位,次年改元建文。明建文四年(公元 1402 年),通过内战推翻侄子上位的明成祖朱棣废除建文年号,复称洪武三十五年,次年改元永乐。明永乐年间(公元 1403—1424 年),社会经济和全国统一形势得到进一步发展和巩固,明朝国力鼎盛,朱棣也由于他的文治武功被后世尊称为"永乐大帝"。

明朝近 300 年间的气候多处于寒冷的小冰期,但是自洪武至永乐年间的半个世纪却是相对的暖期。这段时期社会稳定,经济相对繁荣,曾有"洪武之治""永乐盛世"之誉,国家一度出现"宇内富庶,赋入盈羡"的繁荣景象。朱元璋在位 31 年的洪武年间(公元 1368—1398 年),推行"轻徭薄赋",利于国计民生,这和气候转暖带来的农业丰收分不开。朱棣在位 22 年(公元 1403—1424 年)统治期间,开疆拓土,七下西洋,编修《永乐大典》,疏浚大运河,迁都北京,经济繁荣,充分展现了大明朝的强盛国力。北京的故宫于明永乐四年(1406年)开始建设,到明永乐十八年(1420年)建成,被誉为"世界五大宫"(中国故宫、法国凡尔赛宫、英国白金汉宫、美国白宫、俄罗斯克里姆林宫)之首,至今令世人叹为观止。郑和七下西洋,是中国古代规模最大、船只和海员最多、时间最长的海上航行,也是15世纪末

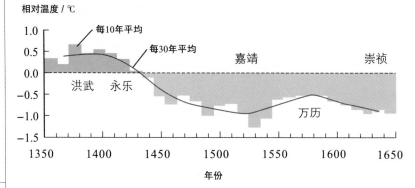

期欧洲地理大发现航行以前,世界历史上规模最大的一系列海上探险。根据人们在南京宝船遗址看到的那件残存的巨大船舵(长达 10米的舵杆),可推算该船的规模在当时堪称世界之最。朱棣命解缙、姚广孝、王景、邹辑等人纂修《永乐大典》,这是当时世界上最大的百科全书,比 18 世纪中期出版的《大英百科全书》和《法国百科全书》要早 300 多年。明朝早期的温暖气候帮助永乐皇帝建立了丰功伟绩,并使明朝的力量和影响达到了顶峰。

  洪武至永乐中期,华中、华东地区气候总体上较为温暖。据明洪武十二年(1379 年)《苏州府志》以及长谷真逸的《农田余话》所记录的种稻情形看,当时苏南地区已有了早、中、晚稻的区分。永乐后期气候温度开始降低,华中、华东地区气候寒冷的记载逐渐增多,明永乐十四年(1416 年)就有"冬汉水冰结,人履其上"的记载。查看《明实录》以及诸多地方志,在公元 1431—1530 年的百年中,全国各地多有"春夏不雨"或是"冬不雪"的记载。干冷的气候也造成

农牧交错带的南移。明宣德五年（1430年）开始，长江流域经历了近60年的干旱气候，史书有江南地区发生大范围干旱、饥荒的记载。1424年永乐皇帝去世，儿子朱高炽即位。这位仁宗皇帝体弱多病，仅在位不到一年就因病去世。他在位时因国库空虚，下令停止下西洋的行动。气候变冷对农业社会政权的影响之大由此可见一斑。

明朝初期因气候转暖，农牧交错带北移，明政府在北边大兴军屯、民屯与商屯，仅青海一省，就有今江西、安徽、山西、四川、河北、湖南、陕西等省的大量移民聚族而屯，当时西宁卫的民屯田就达到27万余亩。农牧交错带西段的北界约在今甘肃山丹—永昌—武威—永登—兰州—靖远—中卫—银川—石嘴山一线（图4.7a）。当时，甘肃临洮"郡土田膏腴，引渠灌溉，为利甚博"。15世纪是明朝较为干冷的一个世纪，中国东中部地区冬半年平均气温较今低0.5℃以上。伴随着气候的变化，"边方田多沙瘠，兼以天气早寒，灾多收少"。在这种转变了的自然环境下，自永乐起，伴随北边卫所的撤移，农牧交错带北界南移至今长城一线稍北（图4.7b）。明中后期（公元1501—1580年）尽管出现了一段短暂的相对温湿的气候期，致使农牧交错带有所北移（图4.7c），但很快又南移了（图4.7d）。

■ 图4.7
明朝农牧交错带北界的阶段性位移

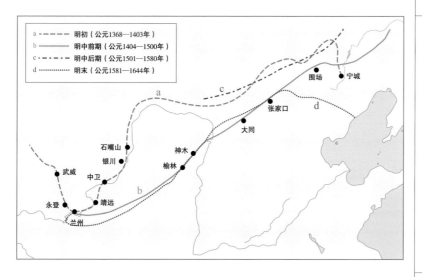

a	—·—·—	明初（公元1368—1403年）
b	———	明中前期（公元1404—1500年）
c	—·—·—	明中后期（公元1501—1580年）
d	·········	明末（公元1581—1644年）

明末气候显著干冷,旱灾、蝗灾频发,粮食亩产明显降低,以致全国粮食危机日益严重。在灾荒的威胁下,除精心培育适应气候变化的水稻品种外,人们开始种植那些耐旱、耐寒、耐瘠、高产的作物品种以提高粮食产量,如从海外传入的玉米、甘薯、马铃薯等。大约在嘉靖至万历年间,玉米的种植范围已包括今天的江苏、广东、河北、云南、陕西等南北 12 个省份。

干冷气候的到来使得"永乐盛世"成为过往,永乐皇帝的子孙是一代不如一代。儿子明仁宗在位不足一年就病逝。孙子明宣宗在位 10 年,这段时期虽有过郑和的第 7 次下西洋,但也是远航壮举的尾声。虽然历史上的"仁宣之治"是因为他们在位期间政治清明,社会稳定,蔚然有治平之象,但让世人留下最深印象的却是古玩界有名的"宣德炉"。宣德炉是中国历史上第一次使用黄铜铸成的铜器精品,为明宣宗亲自督造,这在历史上实属少见。可与之一比的皇帝是 200 年后的明熹宗,熹宗在位 7 年(公元 1621—1627 年)不务正业,不听先贤教诲"祖法尧舜,宪章文武",而是对木匠活有着浓厚的兴趣,整天与斧子、锯子、刨子等打交道,将国家大事抛在脑后,是一位名副其实的"木匠皇帝"。

1457 年明英宗继位后,昏聩怠政,宦官专权日盛,吏治腐败不堪,社会矛盾日益尖锐。同时,北方游牧民族南侵渐起,倭寇频扰东南沿海,边境战事增多。明朝是中国历史上战争最为频繁的朝代之一,其战争规模之大、战况之激烈、影响之深远,似乎只有魏晋南北朝及元朝可相比拟。在明朝 277 年间,共发生了 578 次战争,年均发生战争次数高达 2.1 次。

在各类战事中,规模及影响较大的战争有朱棣北征、土木堡之变、宁远之战等。气候暖湿时国力强盛,永乐皇帝北伐蒙古,南征安南,文治武功,开疆拓土。气候寒冷时国力衰弱,明正统十四年(1449 年)游牧民族瓦剌进犯大同,英宗率军亲征,在土木堡一战中被俘,

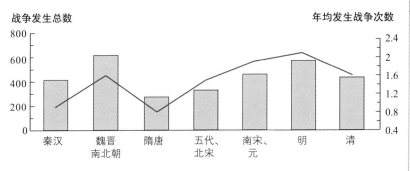

被迫放弃河套等地区。

16 世纪上半叶,中国气候相对暖湿,故嘉靖在位的45 年内,中国农业生产形势比较稳定,北部边境的军屯、民屯又有了发展,军队的粮草供给充足,武器装备得到改善,边墙也得到修缮,抗击倭寇也取得了辉煌战果。这一时期,由于农业收成较好,又引种了玉米、番薯等耐旱高产作物,广大农民的基本生存需求得以满足,故社会稳定,农民起义不多。同样受益于暖湿气候,北方蒙古部落不仅牧业兴旺,而且农业经济得以发展。

万历后期至天启年间,中国气候显著变冷,北方风沙壅积日甚,旱灾逐年增多,农业收成锐降。崇祯时旱灾、蝗灾、瘟疫又大规模爆发,民生愈发艰难。据统计,自明万历四十七年(1619 年)始至明崇祯十六年(1643 年),全国年年有灾,且无灾不饥,无饥不大,各地农民起义风起云涌。干冷的气候使得东北地区的人畜生存遭受了严峻挑战。原本处于白山黑水之地的努尔哈赤起兵,统一女真各部,平定中国关东地区,建立后金,割据辽东,建元天命。然而后金境内饥荒形势进一步加剧,皇太极即位后改国号为大清,内修政事,外勤讨伐,加紧了对明王朝的进攻。明崇祯十七年(1644 年)正月初一,李自成在西安正式建国,自定大顺永昌元年。3 月 19 日,农民起义军攻陷北京,迫使崇祯帝朱由检自缢煤山(今景山),推翻了明朝的统治。同样是在1644 年正月,清朝改元顺治,同年 5 月,清军在山海关一战中击溃李自成的大顺军,9 月,清廷自盛京(今辽宁沈阳)迁都北京,顺治皇帝成为清朝入关的第一位皇帝。1644年改朝换代时,李自成攻陷北京在前而清朝入关在后,这种时间上的顺序被清朝统治者用作一种统治的理由。由于数以亿计的汉人不甘被百万计的满人统治,于是明末清初的许多起义都打着"反清复明"的口号。对此,清朝的统治者宣称自己的江山取自李自成,而非崇祯帝,试图以此堵住民众之口。

清朝(公元1636—1911年)是中国历史上最后一个大一统封建王朝,共传12帝,从皇太极改国号为清起,享国276年。清朝处于小冰期,可分为清前期的短暂气候寒冷期、清中前期的气候相对温暖期和清中后期的漫长气候寒冷期三个阶段(图4.9)。

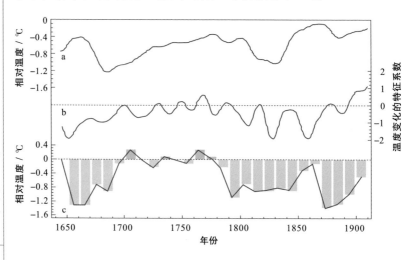

■ 图 4.9
清朝温度变化图
(a)中国温度变化模拟
(ECHO-G模式)结果,时间分辨率为30年
(b)中国温度变化指数序列,时间分辨率为10年
(c)中国东中部地区温度变化,时间分辨率为30年

据史料记载,公元1620—1710年是近几百年黑龙江省农作物生长期最短的时段,初霜期和终霜期分别较今提早和推迟20—30天,河湖封冻日期较今至少提前2周。顺治皇帝执政的18年(公元1644—1661年)是一段寒冷的时期。1654年的冬季更为寒冷,南方各地不仅出现"雨雪连月"的天气,而且降雪范围广及岭南地区,整个长江以南的柑橘、橙、柚几乎全部被冻死。清政府不仅要面临寒冷带来的农业减产、战乱造成的地荒丁逃,还要面临连年用兵造成的国库亏空和各地出现的抗清高潮。对此,顺治皇帝采取"抚重于

剿"的策略,一方面实行"招降弥乱"的怀柔政策;一方面重新起用明朝旧臣治理经营,使局势逐渐好转,为统一全国奠定了基础。清顺治十年(1653年),为了恢复被战乱破坏的农业经济,顺治帝采纳范文程等人的建议,设立兴屯道厅推行屯田,又积极鼓励地主、乡绅招民垦荒。对地方官员制定《垦荒考成则例》,按垦荒实绩予以奖惩。这些措施使濒于绝境的农业生产有了转机,为日后的康雍乾盛世打下基础。

1661年康熙帝即位,气候开始转暖,进入长达百年的清中前期的气候暖湿期。该时期经历了康熙、雍正、乾隆三代皇帝,持续时间长达134年,是清朝统治的巅峰,史称"康雍乾盛世"。在此期间,中国社会达到封建体系下的极致,改革最多,国力最强,社会稳定,经济快速发展,人口增长迅速,疆域辽阔,这一切和温暖的气候分不开。清康熙二十年(1681年),康熙皇帝亲自参与的水稻培植在承德避暑山庄试验成功,这是一种生长期短,可在白露前收割的水稻,改变了以往"口外种稻,至白露后数天不能成熟"的历史。康熙认为南方气候更暖,可以一年两种,下令选苏州和江宁作为双季稻的试种点,并将这项试种任务交给苏州织造李煦负责。18世纪后中国气候进一步回暖,李煦在苏州的双季稻种植获得成功,清康熙五十六年(1717年)开始,康熙遂下旨将"御稻"在江南推广,并详告播种之法。双季稻因此得以在浙江、江西、安徽及江苏等地迅速推广。康熙去世后,双季稻种植在长江下游沿岸得以推广和延续,前后共90多年。但是到了乾隆后期,开始降温,嘉庆、道光及之后的时期又是气候冷期。道光年间,江苏按察使李彦章在考察里下河地区各州县的双季稻推行状况后认为,气候和环境的变化已使该区不可再种双季稻。"江北下河州县,前数十年稻两熟"已成传说故事。

康雍乾盛世时期,清朝的领土几经扩张。到乾隆年间平定新疆时,整个清帝国版图得到空前扩张,北起外兴安岭以南,东北至北海,东含库页岛,西至巴尔喀什湖以东,继承了 1758 年准噶尔汗国的边界,形成了空前"大一统"的多民族国家,史称"汉、唐以来未之有也"。1780 年以后直至清末,中国气候较为寒冷,特别是 1870 年前后,中国东中部地区冬季温度较今低 1.4℃,为清朝最冷的 10 年。清嘉庆年间(公元 1796—1820 年),清朝的国势开始下降,这与气候温度下降密切相关。当清朝日趋衰落的时候,英、法、美各国的资本主义却在迅速发展。英国工业发展迅猛,工业产量急剧上升,为了不断扩大产品销路,英国人努力寻找新的资源及产品生存空间。清道光二十年至二十二年(公元 1840—1842 年),英国向清朝走私鸦片,从而引发了一场战争。战争以中国失败并赔款割地告终,由此签订的《南京条约》是中国近代史上的第一个不平等条约。《南京条约》签订后,西方列强趁火打劫,相继强迫清政府签订了一系列不平等条约,从此中国开始沦为半殖民地半封建社会。

康雍乾盛世时期的人口数较明末清初增加了一倍,嘉庆、道光年间全国人口又从 3 亿增加到 4.2 亿,但这段时期全国耕地并没有明显增加,再加上降温和灾害带来的农业减产,人地矛盾的冲突在南方各省爆发。公元 1846—1850 年,黄河流域直隶、山东、河北等 6 省受灾,黄河两岸"沿河饥民,人皆相食";长江流域的湖南、江西等省的水、旱、蝗灾不断,瘟疫蔓延,特别是 1849 年遭受百年未有的特大水灾,武昌城仅差一尺尽没水中。公元 1821—1850 年的 30 年间,广西境内连年发生旱、涝、蝗、瘟灾害,致使有些地方"三年之耕,恒不足供两年之食;甚或一年之耕,不能酬之一春之种",民生难以为继是引发金田起义的导火索。1851 年洪秀全集 2 万余人在广西金田村宣布起义,建国号太平天国。金田起义揭开太平天国运动的序幕后,大量民众踊跃投身于太平军行列,使其规模急剧扩张。战火延绵十多年,遍及大半个中国。

气候灾害是金田起义的导火索,也是迫使太平军离开广西转战数千里,并最终占据长江中下游的重要原因。起义初期,太平军在广西境内攻城拔寨,势如破竹,然而广西境内长期灾荒导致太平军粮食供给困难,故 1852 年 4 月太平军永安战役突围后迅速向富庶的长江中下游转移。在转战广东、湖南、江西、湖北、安徽等地以及定都天京(今江苏南京)的过程中,适逢南方灾荒连年,灾民遍野,太平军"专以诱胁为能""从容煽惑",得到了灾民广泛响应,起义军队伍得以不断扩大。太平军初到长江沿岸时,一年间便有 200 万民众因连年灾荒加入太平军。

然而,灾荒也加快了太平天国解体的步伐。太平军定都南京的一个重要依据就是"天下粮食尽出于南方""金陵之仓库则实且充""运粮亦甚便易",所以,洪秀全改变了之前"北伐"的主张而定都南京。然而,自 1853 年太平军占据南京后,江苏等地不仅未从上一年涝灾中恢复过来,且又陆续发生新的水旱灾害,所以太平军粮饷只能仰赖长江中游输送。当天京被围,长江输粮管道被断,再加上天朝的内乱和腐败,这场历时 10 多年的农民起义运动以天京失陷(1864 年)而告终。

清朝晚期一直处于风雨飘摇之中,西方列强的枪炮撕裂了大清王朝神秘却脆弱的外表,遍地烽火的农民起义撼动了清朝的根基。此时的中国,灾害频繁,民生凋敝,边疆破碎,社会动荡,几乎是国无宁日。大清王朝在内忧外患中度过了最后的 70 多年,伴随着明清小冰期的结束寿终正寝。

4.3 暖化催动的繁荣和统一

气候变化像一只无形的巨手,不仅深刻影响着人类历史发展的大方向,也推动着人类社会生活的发展变迁。自然环境的变化、人口的迁徙、经济重心的迁移与发展,甚至思想文化的演变,无不与气候变化密切相关。一个时期的暖化有利于农业社会的发展,衣食足则社会稳定、百姓安宁、国家强盛。但是富足和强大往往又给当权者带来贪婪心和征服欲,从春秋诸侯兼并到战国诸雄征战,无不揭露人性中的这一倾向。汉朝和元朝的暖盛冷衰可见于历史记载,而唐、宋帝国的繁荣更与中世纪暖期息息相关。

4.3.1 暖期的征服:从春秋战国到秦汉一统

西周时期的寒冷气候延续的时间并不长,冷期结束后,气候迅速回暖。西周时期,周天子尚保持着天下共主的威权。平王东迁以后,东周开始,王室式微,只保有天下共主的名义,而无实际的控制能力。中原各诸侯国也因社会经济条件不同,出现了彼此间争夺霸主的局面,史书上称之为春秋时期(公元前770—公元前476年)。春秋时期是东周的一个时期,因孔子修订《春秋》而得名,从周平王元年(公元前770年)东迁起,至周敬王四十四年(公元前476年)战国前夕止。

《礼记·月令》虽是战国晚期的作品,但它反映的是公元前600年前后的物候现象,应该能代表春秋时期的记事,其中的相关物候也应是这个时期的现象。春秋时期黄河中下游地区的冬小麦收获时间在农历四月,现在这一带冬小麦的收获期在公历6月上旬,当时要比现在早了10天左右。《礼记·月令》中的物候并无确切的日期记载,但从其中一些与现代黄河流域物候差异较大的叙述上来看,春秋时期的气候与现在差异明显。如《礼记·月令》中"玄鸟"(家燕)见于仲春之二月,大概相当于公历 3 月,而现在家燕要在 4 月下旬才能在洛阳见到。

《礼记·月令》中的物候	现在洛阳的相应物候
二月,玄鸟至	家燕始见,4 月下旬
三月,东乡躬桑……劝蚕事	春蚕收蚁,4 月下旬
四月,农乃升麦	小麦腊熟,6 月上旬
四月,收茧税	春蚕结茧,5 月下旬
七月,农乃升谷谷	子收获,9 月中旬

《诗经》是中国古代最早的一部诗歌总集,收集了西周初年至春秋中期的诗歌,其中《诗经·风》采自不同地区的地方土风歌谣。从这些诗中可见当时的梅树分布于山东菏泽一带,能看出当时的气候要比现在暖和。《春秋》中还记载,在公元前698—公元前546年之间,鲁国的国都(今山东曲阜)出现过无冰的现象,这已经比现在冬季河流稳定封冻的南界还要偏北。无论是冬小麦的收割时间,还是梅树分布区域以及河流冻结的界线,都表明春秋时期的气候要比现在温暖。

据史书记载,春秋时期的 295 年间,有 43 名君主被臣下或敌国所杀,52 个诸侯国被灭,大小战事 480 多起,诸侯的朝聘和盟会 450 多次。从春秋争霸战争的全过程看,作战策略从最初的结盟称霸,发展到彼此灭国夺地;作战方式从车战逐渐转变为步战,并出现了水战、海战;作战区域扩大,从两国接壤地区推进到敌国腹地;作战时间更长,从一战决胜负,发展到长期反复较量;排兵布阵从两军对拼实力,演变到用计谋捕捉战机等。战争打得多,对战争规律的认识就更加深入,因此著名的《孙子兵法》问世,奠定了中国古代军事理论的基础,也对后世产生了巨大影响。

春秋时期诸侯国的强弱在于其国土的大小和兵力的多少。自商、西周至春秋,战车一直是军队的主要作战装备。以马拉木质战车交战的作战方式叫"车战",战车也被称为"乘",乘是四匹马拉的车。当时军队的基本编制是,以战车为中心配以一定数量的甲士和步卒,再加后勤车辆与徒役编组。周制,天子地方千里,出兵车万乘,诸侯地方百里,出兵车千乘,故称天子为"万乘之躯"。战车是战争的主力,战车的数量也是衡量"国家"实力的标准。

两军交战,除了拼兵力,还要拼装备和物资供应。春秋时期用兵作战,一般不讲用了多少人,而称用了多少车乘。每车乘人数多少,说法有多种。《司马法》的说法是:1 乘的人数,连乘车者和步卒,是 30 人左右。春秋中晚期,晋国兵力至少 4900 乘,如 1 乘以 30 人计算,则共有 15 万左右兵力,再加上徒兵等组织,更不止此数。春秋战国时期交战双方出动上千车乘的战争频频发生,如晋楚城濮之战(公元前 632 年),秦晋崤山之战(公元前 627 年),齐魏马陵之战(公元前 341 年),秦赵长平之战(公元前 262 年)。如果不是温暖气候保证农业产出丰盛富足,是无法维持这些战争所需的巨大人员和物资消耗的。

■ 图 4.10
春秋战国时期的战车

春秋时期的战争多半起因于各诸侯国企图争夺霸主地位,争霸除了打仗,还有斗富。秦穆公(公元前 659—公元前 621 年在位)为了威震其他诸侯国,采纳谋士的建议,邀请 17 国诸侯王到临潼开展览会,并要求各国把自己的国宝拿来展览,以评出最佳的传国之宝。楚国大夫伍子胥明白秦穆公的用意,在会上举鼎示威,制服秦穆公。像临潼斗宝一样的斗富行为几乎沦为暴发户式的炫耀了。孟子曰:"春秋无义战。"今天看来,何止是春秋时期"无义战",纵观人类历史，"义战"何其少。如果我们将视野推向欧亚大陆的西端，会发现亦是如此。在一个被暖湿气候滋润的时段中，为争夺世上最漂亮的女人海伦，地中海地区发生了一场战争。据《世界通史》论述，那时的特洛伊地处交通要道，商业发达，经济繁荣，人民生活富裕。亚细亚各君主结成联军，推举阿伽门农为统帅。他们对地中海沿岸最富有的地区早就垂涎三尺，一心想占为己有，于是以海伦为借口发动战争，这才是特洛伊战争的真正目的。"一将功成万骨枯"，战争带来的后果是生灵涂炭，百姓流离失所。特洛伊城的十年战争消耗了迈锡尼王国大量的元气，让这个一度辉煌的国家变得千疮百孔。一场战争拖垮了一个文明，这也是特洛伊战争备受关注的原因之一。

春秋时期最强大的诸侯国和霸主当属晋国，晋悼公（公元前573—公元前558年在位）时国势鼎盛，拥兵万乘，独霸中原，达到晋国霸业的巅峰。同晋争霸的诸侯国先后有秦、楚、吴、越等，但实力远不能和晋国相比，直到公元前403年晋被三分成韩、赵、魏之后，中原各诸侯国实力才算均衡。

中国历史的战国时期指公元前475—公元前221年，而实际上具体时间应该是从韩、赵、魏三家分晋（公元前403年）开始，到秦始皇统一天下（公元前221年）为止。战国时期是中国历史上分裂对抗最严重且最持久的时期之一，最有实力的齐、楚、燕、韩、赵、魏、秦七雄角逐中原，征战不息。战国时期，列国间战争更加频繁，为防止敌国的进攻，保护国土安全的长城不断出现。燕国的南长城、赵国的南长城、魏国的西长城、秦国的东长城以及中山国长城的修筑，都是为了防备其他诸侯国的入侵。战国长城的建造方式有土筑，也有石砌，土筑多以版筑法夯制成墙。凡遇山岭陡峭处，往往依天险为屏障而不筑墙。在许多地段，长城沿线还修建有亭、障和烽燧等预警防卫设施。

战国时期基本上还处于暖湿的气候中，中原边境的游牧民族也和中原同步发展,以匈奴为代表的北方游牧民族开始崛起。匈奴的发展和壮大威胁到中原北方的安全,从而催生了战国长城的修建。秦国的西北边地长城、赵国的北长城和燕国的北长城就是为防备游牧民族的侵袭而修筑。与内地的长城相比,北方边地长城大多更长,秦始皇就在这些北方战国长城的基础之上修筑了秦长城。

　　战国长城的修筑无疑要耗费巨大的人力和物力,如果不是温暖气候给农业生产提供有利条件,物资供应将无法保障。由图 4.11 还可见到,秦、燕、赵的北长城要比寒冷时期的农牧分界线更偏北,这也说明战国时期气候较暖。

■ 图 4.11
战国时期修筑的长城

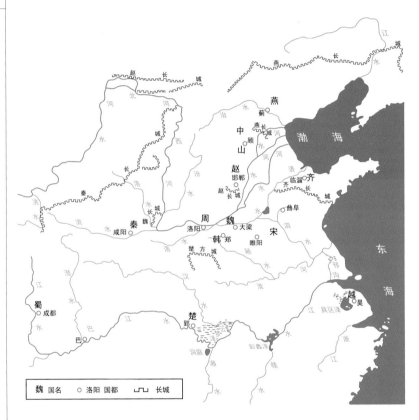

　　战国时期,诸侯兼并土地战代替了春秋时期政治上的霸权争夺战。在这个时期,铁器代替了石器和青铜器,各国之间的商业贸易得到发展,社会结构发生了变化。世袭的等级制度被瓦解,一些过去的贵族失去了他们的地位,而另一些平民通过经商或其他的机会致富,甚至成为政治集团中举足轻重的人物。

公元前362年,年仅21岁的秦孝公继位,他决心改革图强,便下令招贤。商鞅自卫国入秦,并提出了废井田、重农桑、奖军功、实行统一度量和建立县制等一整套变法求新的发展策略。经过商鞅变法,秦国的经济得到发展,军队战斗力不断加强,秦国发展成为战国后期最富强的集权国家。公元前325年秦惠文王称王,于公元前316年吞并巴国和蜀国(今四川)。那时候的四川非旱即涝,秦国欲使蜀国成为自己的战略后方基地,所以秦王当时下定决心要治理水患。公元前256—公元前251年,李冰被秦昭王任为蜀郡(今四川成都一带)太守期间,征发民夫,在岷江流域兴办了许多水利工程,其中以他和其子一同主持修建的都江堰水利工程最为著名。

■ 图4.12
都江堰水利工程

都江堰水利工程由鱼嘴(分水工程)、飞沙堰(溢流排沙工程)和宝瓶口(引水工程)三部分组成。鱼嘴坐落于岷江河道中

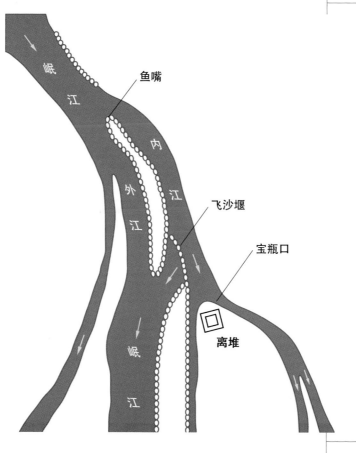

部,将岷江一分为二,外江为原始河床,内江用于引流灌溉。飞沙堰位于内江中,高于内江河床。当内江水量过大时,多余的水便自行从飞沙堰上方溢至外江。宝瓶口是一处人工开凿的山峡,其间留出宽约 20 米的入水口。由于飞沙堰的存在,多余江水自飞沙堰溢出,无论是冬季枯水期还是夏季丰水期,宝瓶口处的入水量始终保持相对稳定。

都江堰水利工程秉承"道法自然、天人合一"的治水理念,采用"分流疏导"的办法,特别巧妙地利用天然地形、地势,成功地解决了岷江水患。都江堰的建成使得川西平原从此成为"天府之国",也为后来秦国征伐六国提供了物质保障。公元前 247 年,秦王嬴政即位,于公元前 230 年至公元前 221 年的 10 年间灭掉六国,建立了中国历史上第一个大一统王朝——秦朝。

秦统一中国以后的十几年中,秦始皇维持了一支庞大的军队,建立了一个庞大的官僚机构,进行了多次大规模战争,完成了巨大的国防建设和土木建筑工程。据估计,当时全国的人口约为 1000 万,而当兵服役的人超过 200 万,占壮年男子人数的三分之一以上。后来,秦始皇采纳赵陀等人的意见,迁移关中 50 万秦人至岭南,与当地人民融合,这又导致关中空虚,大大动摇了秦朝的统治基础。秦二世时期,农民生活悲惨,穿牛马之衣,吃犬彘之食,在暴吏酷刑的逼迫下不得不逃亡山林,举行暴动。这些情况无一不说明,苛政暴虐激化了社会矛盾。秦始皇在完成统一大业的同时,也埋下了秦朝倾覆的隐患。

秦二世元年(公元前 209 年)七月,一队开赴渔阳(今北京密云)的闾左戍卒九百人,遇雨停留在大泽乡(今安徽宿州),不能如期赶到渔阳戍地。按秦朝"失期当斩"的法律规定,戍卒们应判死刑。于是,他们在陈胜、吴广的领导下揭竿起义。一些潜藏在民间的六国旧贵族、游士、儒生也都乘机而动,凭借旧日的地位纷纷起兵。在秦末农民大起义过程中，刘邦集团和项羽集团成为反秦的两支主力军。秦二世三年(公元前207年)刘邦、项羽相继率兵入咸阳，推翻秦王朝，形成楚汉相争的局面。这一场为争夺政权进行的大规模战争历时4年多，最后刘邦取得胜利，建立了汉朝。

秦至西汉前期的气候延续了战国末年的温暖态势。西汉前期，气候持续温暖，这可由当时的农业物候、节气次序、异常冷暖记录以及植物分布等资料得以证实。这段时间内出现了文景时代(公元前180—公元前141年)的无为而治、国泰民安，汉武帝(公元前141—公元前87年在位)的攘夷拓土、国威远扬。可是到了汉元帝(公元前49—公元前33年在位)，因为宠信宦官导致皇权式微，朝政混乱不堪，西汉由此走向衰落。

■ 图4.13
秦汉时期温度变化

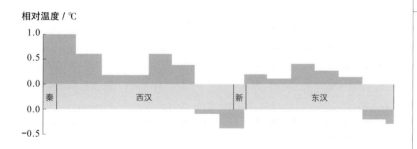

相对温度 / ℃

其实，西汉的衰落不仅仅与政治腐败有关，更与气候变冷密切相关。中国的农业生产和社会防灾体系对气候变化高度敏感。文景时代冬半年平均气温较今高约0.6℃，有关自然灾害的记载很少，粮食亩产量增高，加之政府实施轻徭薄赋政策，故有"民则人给家足""府库余货财"的社会安定局面。大约自公元前45年起，中国气候由暖转寒，公元前30年前后，中国东中部地区冬半年平均气温骤降了1.2℃，导致灾害连绵，黄河数次溃决。农业因此连年歉收，粮食需求压力愈来愈大。面对气候变化导致的日益严峻的形势，在短短几年内，数以百万计的民众流离失所。连年的灾荒和吏治的腐败透顶使得当时社会的大多数阶层对政府丧失信心，他们希望出现某种积极的变革,以挽救日益危殆的社会局面。

王莽应运而起,登基称帝,改国号为新(公元9—23年)。王莽登基后,中国气候进一步转冷,其后的30年为秦汉时期最寒冷的阶段,东中部地区冬半年平均气温较今低约0.4℃,比汉初最暖的30年低了1.6℃,自然灾害进一步加剧,以致社会经济系统濒临崩溃。王莽为缓和日益加剧的社会矛盾而采取了一系列新的改制措施,包括土地改革,币制改革,商业改革和官名、县名改革。但王莽的改制不仅未能缓解社会矛盾,反而使各种矛盾进一步激化,加上全国蝗灾、旱灾、饥荒四起,各地农民纷纷揭竿而起。其中,赤眉军和绿林军是两支规模较大的起义军,他们的反抗导致了新朝的灭亡。从某种意义上讲,气候变化为王莽创造了机遇,但同样也加速了新朝的灭亡。王莽被很多史学家誉为"中国历史上第一位社会改革家",胡适认为他是"1900年前的社会主义皇帝",他的改制失败也算"生不逢时"吧。

王莽死后,光武帝(刘秀)建立东汉,重新统一全国,开创"光武中兴",这个时期社会安定、经济恢复、人口增长。其实"光武中兴"是沾了气候回暖的光,东汉中期(公元30—180年),中国东中部地区气温又有所回升,冬半年平均气温较今高约0.2℃。大多数人知道东汉的张衡,是因为他发明了浑天仪、地动仪,但他写过《南都赋》一事却很少为人知晓。《南都赋》中有"穰橙邓橘"之语,"穰"在今河南邓州,"邓"在今湖北襄阳附近。如今这两个地方要产柑橘,需要用大棚来种植。

东汉晚期(公元180—220年)气候又趋寒冷,这是魏晋气候大降温的前奏。当时中国东中部地区气温较今低约0.2℃。据史载,东汉光和六年(183年)冬,"大寒,北海、东莱、琅邪井中冰厚尺余";东汉初平四年(193年),"六月,寒风如冬时"。东汉光和七年(184年)黄巾起义,接踵而来的是军阀混战,东汉名存实亡的局面已不可挽回,最终形成三国鼎立之势。

4.3.2 中世纪暖化:隋唐盛世和两宋繁荣

从10世纪到13世纪,世界各地气温上升,这一时期被称为"中世纪暖期"或者"中世纪气候最佳期"。中世纪气候温暖的这种现象,最早在研究欧洲古代文献的过程中被提及。人们注意到的是欧洲北部地区和山岳地带葡萄田的分布,从地理纬度上来看,当时葡萄栽培的北边界与20世纪相比,向北扩张了300—500千米。

在中世纪暖期,大西洋海水温度上升,北大西洋洋流强度增加,将更多热带地区的热量输送到欧洲。在这样的自然环境中,欧洲各国的经济高速发展。如今大量的游人去欧洲旅行,常常为那些美轮美奂的砖石结构大教堂所倾倒,却很少会联想到这是气候暖化留下的余泽。气温的上升不仅对于北半球中纬度的欧洲来说是巨大的恩惠,同样也给欧亚大陆东部的中国带来福祉。虽然唐宋时期那些恢宏的砖木结构建筑没能经得起时间长河的冲刷,未能留存,但隋唐的大运河依然流淌,唐诗宋韵千百年来深植人心,这些都叙说着唐宋时期的辉煌。

隋朝(公元581—618年)是东晋之后汉族在北方重新建立的大一统王朝,它结束了自西晋末年以来近300年的分裂局面。隋朝是一个苦难而又辉煌,伟大与罪恶并存的王朝,也是中国古代历史上短命的王朝之一。即便如此,隋朝的历史地位却不容忽视,因为盛唐的许多制度都建立在隋朝的制度之上。正因如此,历史典籍常将隋、唐并称为"隋唐"。

隋唐时期的气候处于中世纪暖期,其实南北朝末年的气候已开始转暖。《隋书》中记载南北朝时期在陈朝末年(589年),那位能写《玉树后庭花》而"不知稼穑之艰难"的陈后主,梦见敌兵来攻,下令将建康城(今江苏南京)外的"绕城橘树,尽伐去之"。尽管记载很简单,但从行文来看,这些橘树应该是当地种植的果木。这表明在 6 世纪 80 年代,建康城一带已经有了相当规模的橘树种植。现代江苏的橘树种植仅在太湖一带,南京所处的位置由于冬季气温太低,冻害频率高,已经超过了柑橘种植的北界。

气候的转暖也成就了隋朝的霸业,使之成为中国历史上最富庶、强大的王朝之一。虽然气候好有助于农业社会的发展,但社会治理的好坏也是一个朝代能否兴盛的重要因素,所以在同一个时段和气候背景下,会有"陈之亡"和"隋之兴"。隋朝是一个积极变法的王朝,隋文帝(公元 581—604 年在位)因时变革,废郡立州,整顿吏治,开放盐业,兴修水利,建仓储粮,统一币制与度量,缔造了"开皇之治"。隋炀帝(公元 604—617 年在位)开创科举制,开凿大运河,对隋唐以后中国政治、经济、文化的发展产生了深远影响。《剑桥中国隋唐史》有言:"隋朝消灭了前人过时、无效的制度,创造了一个中央集权帝国的结构,在长期政治分裂的各地区发展了共同的文化意识。"

隋炀帝在历史上留下的浓墨重彩的一笔就是开凿隋大运河,这是与长城齐名的中国古代伟大工程。584 年,隋文帝下令在汉朝漕渠基础上开凿广通渠,船只可以从黄河直驶都城大兴(今陕西西安),这是大运河工程的第一阶段。605 年,隋炀帝营建东都洛阳,征民夫百万人开凿通济渠,沟通黄河与淮河。同年,隋炀帝又征民夫 10 万多人疏通春秋末年吴国开凿的邗沟,使洛阳与江都(今江苏扬州)间实现水路连通。608 年,隋炀帝为东征高句丽,征发河北民夫百万人开凿永济渠,让船只能从洛阳直抵涿郡(今北京)。610 年,隋炀帝欲东巡会稽(今浙江绍兴),于是下令重修沟通长江与钱塘江的江南运河。至此,以洛阳为中心,以今天北京和杭州为终点的隋朝南北大运河正式建成。民间传说隋炀帝为游山玩水修建了大运河,实际上大运河的开凿主要是为了将江南的粮食运往关中,是巩固政权的需要。唐宋时期,大运河始终是最重要的水上交通干线,堪称"国之命脉"。

但是,大运河的开筑动辄需要数十万甚至百万的民夫,连年的四面征战也需要动用大量资源,即使温暖气候带来了惠泽,也经受不住这样巨大的消耗。611年,山东、河南等地发生大水灾,淹没四十余郡;次年,山东又发大旱。此后,关中地区又发生瘟疫和大旱,百姓废业,无以自给,生活于水深火热之中。天灾人祸引发了一场农民起义,被称为"瓦岗军起义"(公元611—618年)。这期间,隋

图 4.14
隋大运河——沟通南
北的水上交通大动脉

隋大运河开凿示意图(公元605—610年)

涿郡

桑 干 河

永 水

长芦

东光

大业四年(608年)开永济渠

临清

济 渠

黄

渤 海

东

新

河

洛 水 水

渭 通渠 潼关

京师

板渚

浚仪

汴 水

泗 水

通

开皇四年(584年)开广通渠

洛阳

大业元年(605年)开通济渠

济 渠

山阳

邗

盱眙

沟 邗

江都

海

大业元年(605年)疏通邗沟

京口 江

大业六年(610年)开江南运河

长

江

吴县

南 运 河

余杭

都城

○ 其他城市

粮仓

运河

洞庭湖

彭蠡泽

133

炀帝不顾百姓安危,仍在全国范围内大肆征兵,征讨高句丽。古希腊历史学家希罗多德曾经说过,"上帝欲使其灭亡,必先使其疯狂",隋炀帝成了这句话的写照。隋炀帝在位不过十几年,曾北驱突厥,南吞林邑,西击吐谷浑,东征高句丽,几乎不停地在打仗。其极盛时之疆域见于《隋书·地理志》,有谓:"东、南皆际大海,西至且末,北至五原。"结果是劳民过甚,黷武过度,国力逐渐不堪,三征高句丽失败后,国家陷入动荡,一个强盛未久的朝代黯然谢幕。

隋末天下群雄并起,617 年,唐国公李渊在晋阳起兵,次年于长安称帝,建立唐朝。隋末大乱留下了破坏严重、民生凋敝的局面,到了唐朝开国皇帝李渊的武德年间(公元 618—626 年),全国仅 200 多万户。唐朝(公元 618—907 年)是继隋朝之后的大一统朝代,共

■ 图 4.15
隋唐至元朝温度变化

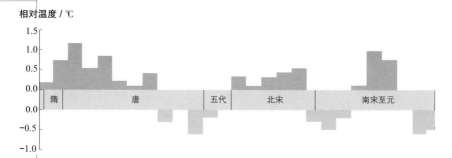

相对温度 / ℃

历 21 帝,享国 289 年,因皇室姓李,故又称为"李唐",是中国古代最强盛的朝代之一。

唐太宗继位后开创"贞观之治";唐高宗承贞观遗风开创"永徽之治";690 年,武则天以周代唐,定都洛阳,史称"武周";唐玄宗即位后励精图治,开创了万邦来朝的"开元盛世",天宝末年全国人口达 8000 万上下。"安史之乱"后藩镇割据、宦官专权导致国力渐衰。878 年,"黄巢起义"破坏了唐朝的统治根基,907 年,朱温篡位,唐朝覆亡。纵观唐朝历史,"治世""盛世"时期都与气候暖期相吻合,而衰落和覆亡则与气温降低相关。

隋唐时期中国气候整体上比较温暖,公元 601—820 年的冬半

年平均气温较今高约 0.52℃。唐朝后期气候转冷,公元 821—920 年较今低约 0.42℃。唐太宗贞观年间因气候温暖,全国的农业生产形势良好,史书载"自贞观以来,二十有二载,风调雨顺,年登岁稔"。唐贞观十九年(645 年)太宗巡幸太原(位于北纬 37.9°),于除夕守岁时欣然赋诗"送寒余雪尽,迎岁早梅新",说明当时太原地区有"早梅"(即蜡梅)生长。现代,中国原生蜡梅仅分布在北纬 33.5° 以南的暖温带及北亚热带地区,相较之下可知当时气温明显高于现代。几十年后武则天执政期间(公元 690—705 年),国家较贞观时期有了更大的发展,史称"贞观遗风"。均田制的继续推行促进了农业生产,户口数由 652 年的 380 万户,增长到 705 年(武则天退位时)的 615 万户。出于当时的政治、经济以及洛阳有利的区位优势等原因,武则天在称帝的次年(691 年)迁都洛阳。传说武则天来到洛阳后,洛阳的牡丹在农历二月就开花了,说明那个时期的气候温度比现代高得多,现代洛阳的牡丹花节一般在清明前后。牡丹花开提早一个多月实是气候因素所致,与"女皇圣明"的阿谀奉承之语毫不相干。

　　唐玄宗在位(公元 712—756 年)时的气候仍是一个持续的温暖期,中国东中部地区冬半年平均气温较今高约 0.32℃。唐开元十七年(729 年),唐朝开始采用僧人一行制成的《大衍历》,弃用表征寒冷气候的《正光历》,因为暖期和冷期的"七十二候"时令已有很大

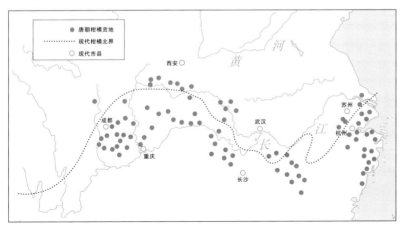

的差异。《新唐书·地理志》中有天下各州的地形、户口及物产土贡情形的记载，其中明确记载了吴郡(今江苏苏州一带)、襄阳郡(今湖北襄城一带)、阴平郡(今甘肃文县东北)等地区有柑橘上贡(图4.16)，与现代柑橘的种植北界相比，当时的柑橘贡地北界略偏北一些。

《新唐书·杨贵妃传》记载："妃嗜荔枝，必欲生致之，乃置骑传送，走数千里，味未变，已至京师。"因此许多驿差累死，驿马倒毙于送荔枝的路上。唐朝诗人杜牧写过"一骑红尘妃子笑，无人知是荔枝来"(《过华清宫绝句》)的诗句。唐玄宗开元年间天气较暖，四川北部涪州及以北地区在唐朝盛产荔枝，利用国家驿道日夜兼程送至长安还能保持新鲜。北宋文学家、地理学家乐史在其著作《太平寰宇记》一书中，把从涪州、万州至长安连接四川、陕西的古代陆上商业贸易路线命名为"荔枝道"，这一名词被学术界和大众所接受，并正式运用且准备申遗了。《过华清宫绝句》截取了这一历史事实，抨击了封建统治者的骄奢淫逸和昏庸无道，以史讽今，原为传送紧急公文的驿道，驿马所载的却是来自涪州的鲜荔枝，揭示了"安史之乱"的祸根之一。

唐开元二十九年(741年)九月丁卯，西安初雪。这一较现代提早了一个多月的降雪事件拉开了唐中后期(公元741—907年)气候转冷的序幕。唐朝是一个诗作盛行的时代，留至今日的《全唐诗》共收录唐朝2529位诗人的42863首诗作。据学者统计，唐朝的咏梅诗主要出现在唐玄宗以前，之后多出现的是咏寒诗，两类诗篇的数量在某个时间点突然出现分野，很难说与气候变化无关。"安史之乱"爆发后，唐玄宗在756年仓皇逃至蜀中，当地初霜时间较现代蜀中地区提前了54天。也就在这一年，实施了29年的《大衍历》遭废弃，可推算公元740—760年东中部地区冬半年平均气温较今低约0.37℃，暖期时代制定的《大衍历》已不合时宜。

"安史之乱"是唐朝由盛转衰的分水岭,动地而来的渔阳鼙鼓惊散了芙蓉园内的霓裳羽衣舞,也打破了唐朝前期一百多年安定繁荣的社会局面。8世纪起东亚季风的减弱,使东南暖湿的水汽不能再滋润中原大地,这无疑是唐朝衰落的"催化剂"。天宝中期以后,逐渐干冷的气候对农业生产造成了潜移默化的负面影响,加上820年后气温降低激化了蓄积已久的社会矛盾,导致唐朝逐步走向衰落。

因气候转冷和战乱,农业歉收,再加上统治阶级的横征暴敛,一时民变四起。公元756—901年,共发生民变100次,平均每年0.69次,发生频率高于"安史之乱"前。尽管后来"安史之乱"得以平息,但是唐朝由盛转衰的趋势却无法阻挡。由于干旱气候延续,东中部地区频受饥荒和疫病侵扰,社会动乱随之而起。小规模的民变逐步演变成全国性的动乱,王仙芝、黄巢起义就是在唐后期干冷气候背景下的一场大动乱,并且也是唐末民变中历时最久、范围最广、影响最深远的一场农民起义。黄巢起义波及唐朝大半个江山,动摇了唐朝的统治根基。唐哀帝四年(907年)宣武节度使朱温废李代唐,建国号为梁。至此唐朝灭亡,中国历史进入大分裂的五代时期,这也是中国历史上第三次大动乱时期。

五代(公元907—960年)并非指一个朝代,而是指一个特殊的历史时期。五代是介于唐末和宋初的一段纷乱割据的时期。北方有后梁、后唐、后晋、后汉、后周,五代更替;南方则是前蜀、后蜀、吴、南唐、吴越、闽、楚、南汉、南平、北汉,十国割据。这是中国历史上少有的大混乱、大破坏时代。暴君酷吏迭出,赋税繁多,战争不断,民不聊生,文化和建筑被大规模毁坏。北宋欧阳修修《新五代史》时,认为五代时期"天理几乎其灭",是一个"乱极矣"的时代,根本没有礼乐制度可谈,所以在《新五代史》里常用"呜呼"开篇。

从安史之乱到五代的200多年,是中世纪暖期中的一段气候寒冷期,宋朝(公元960—1279年)时又转入气候暖期。北宋至元初(公元960—1310年)是东中部地区距今最近的长达数百年的温暖阶段，冬半年平均气温较今高0.2—0.3℃，所以宋朝总体上是个经济富裕的朝代。两宋之交出现了几十年较冷的气候时期，在此期间北方金国军队南侵中原，在1127年占领了北宋都城汴梁，宋高宗赵构即位于南京应天府(今河南商丘)，建立南宋。

北宋是一个发展奇特且不平衡的时代。一方面，北宋虽然拥有庞大的军队，但军事实力不强，在与辽国和西夏的对抗中长期处于劣势。另一方面，北宋是中国历史上科技最发达、文化最昌盛、艺术最繁荣的朝代之一。宋朝的疆域面积几乎是中国历朝历代中最小

■ 图 4.17
北宋时期的版图

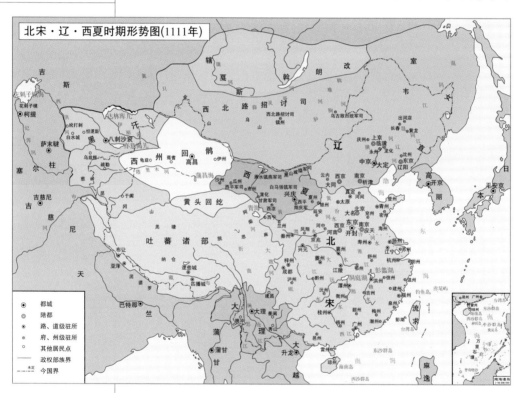

的，最大的时候也不足400万平方千米，并非东亚最大的国家。当时东亚疆域最大的国家是辽国，后来是导致辽和北宋灭亡的金，再往后就是把整个宋朝和金都消灭的蒙古帝国。

宋朝综合国力不弱，北宋甚至极有可能是清中期以前综合国力

最强的中原王朝，但是宋朝给我们留下了"割让幽云十六州""澶渊之盟""靖康之乱"这样的负面记忆。宋朝拥有庞大的军队（北宋后期达130万左右），但宋朝对外的战争多是抵御，绝无汉、唐时代对外远征和讨伐的气派。原因有二：首先，宋朝皇帝严重地重文轻武，因为开国皇帝赵匡胤曾经亲历过那些拥兵自重的将军是怎么造反称帝的，就连他自己也是这样上位的，因此搞了文武制衡，最后导致"军无常帅""帅不识兵"；其次，宋朝的募兵制度导致军队战斗力弱，军队虽然人数多但兵源成分庞杂，素质难以保证，在某种意义上已经以"安置社会闲散人员再就业以维持社会治安秩序，避免其聚众成为盗匪组织甚至起义军"为主要目的，作战效率可想而知。这样的军队遇到北方来的草原铁骑，吃败仗就不足为奇了。虽然后来岳家军抗金作战屡获大捷，但皇帝对他不放心，最终以"十二道金牌"将其召回并处死在风波亭。

■ 图 4.18
北宋画家张择端在《清明上河图》中描绘了汴梁城街市的繁荣景象

宋朝是孱弱的军事力量与强大的经济实力共存一体的王朝，"武功"和"文治"的极大差距让人惋惜不已。据史料统计，宋朝的

GDP占当时世界的三分之一,而人口仅为世界人口的八分之一。由此可见,宋朝时期经济水平不仅稳居世界首位,而且远超其他国家。宋朝是手工业的高速发展期,也是中国资本主义萌芽、经济模式有所转型的阶段。宋朝的生产力水平和社会繁荣程度乃当时世界之最。《清明上河图》描绘的繁荣景象,在千年后的今天仍让世人惊叹不已。

汴梁又称汴京、东京(今河南开封),战国时期的魏,五代的后梁、后晋、后汉、后周,北宋和金国都曾经在此定都,历经千年梦华。汴梁地势低平,无险可守,但黄河和运河在此交汇,定都于此主要是为了漕运的方便。汴梁最辉煌的时候是在北宋时期,人口达到150万,是当时世界上最繁华的城市。只可惜黄河泛滥,将昔日帝都深埋于黄土之下。

与隋唐都城相比,汴梁城最大的改变就是以开放的街市代替了封闭的坊市,这是工商业高度发达所产生的城市格局变化。城市风

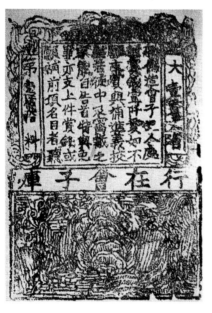

■ 图 4.19
北宋"交子"是世界上
最早的纸币

貌的转变,表明当时社会的经济形态从纯农业转变为半工业、半农业,使都市不仅是可居住的地方,同时也是工商业所在的地方。

北宋时期气候转暖,农业生产兴盛带来政局稳定、经济发展,商业贸易逐渐繁荣,但货币发展滞后于贸易需求。北宋初年,今四川地区通行铁钱。铁钱价低量重,大宗交易时携带非常不便,于是民间出现了暂存钱款的铺户。存款人将现金交给铺户,铺户则交给存款人一张金额票据,存款人凭票据取钱,向铺户

支付利息,这张由铺户填写的票据称为"交子"。随着"交子"运用越来越广泛,一些商人为避免搬运金属货币的麻烦,直接以手中的"交子"进行交易。这样,"交子"便具有了货币的功能。北宋"交子"是世界上最早的纸币。此后,金、南宋、元、明、清各代都曾发行纸币。

中国历史上很多重大发明都出现在北宋,在文学艺术方面更是名人辈出,登峰造极。正如陈寅恪先生所言:"华夏民族之文化,历数千载之演进,而造极于赵宋之世。"宋朝确实是中国历史上最令人唏嘘不已的一个朝代,坐拥当时最强大的文明、最令人艳羡的财富、最有名的文臣武将,却一而再、再而三地遭受各种耻辱。宋朝经济已经出现资本主义的萌芽,却两次被外来游牧民族的入侵打断,着实让人惋惜。

4.3.3 冷暖的驱动:蒙古帝国的兴盛和衰落

1127 年,自北方南下的金国军队攻陷北宋的都城开封,史称"靖康之乱"。从偏安东南一隅的南宋到元朝退出中原,中国的版图发生了急剧变化,社会、经济、人口等也随之发生了巨大的变化,其中一些变化甚至极大地改变了欧亚地缘政治格局和历史进程。元朝中后期,中国经济遭遇了明显的逆转,整体出现停滞甚至衰落。这种转折有可能是中国未能像欧洲国家一样进入工业革命,以致在 19—20 世纪全面落后于西方国家的一个重要分水岭。

靖康之乱后,中原居民纷纷南迁,江南的人口达到 500 万,大量南迁的人口给南方的经济发展带来了充足的人力资源、先进的农业技术和生产理念。南宋绍兴十二年(1142 年)南宋政府改革赋役制度,并大规模兴修圩田,推广精耕细作技术,使得这一时期长江流域农业经济空前繁荣,粮食产量不断提高,形成了"苏湖熟,天下足"的局面。

南宋早期(公元 1127—1200 年)处于中世纪暖期中的一个冷阶

段,中国东中部地区冬半年平均气温较今低约 0.3℃,冬季气候异常寒冷,长江下游地区河港结冰现象相当普遍。当时南宋政府为迎送金朝使者船只南来,还专门派人破冰使航道通畅,这也反映了当时太湖流域冬季河道封冻是常见现象。13 世纪中国气候开始转暖,公元 1201—1290 年中国东中部冬半年平均气温较今高约 0.61℃,其中公元 1230—1260 年有可能是中国过去 2000 年中最温暖的 30 年,冬季温度较今高 0.91℃,中国大量历史文献记录了这段时间的温暖气候。据史载,公元 1195—1220 年杭州暖冬记录次数明显增加,连续 9 年无冰雪记载。长期居住在北京长春宫的道士邱处机于 1224 年寒食节时作《春游》诗云:"清明时节杏花开,万户千门日往来。"说明当时北京的物候与现代相同。

尽管中世纪暖期起止时间在不同记录中有所差别,但都一致表明 13 世纪上半叶(公元 1200—1260 年)欧亚大陆存在一个显著的温暖时期。伏尔加河下游地区是亚洲游牧民族迁徙欧洲的一条重要走廊。对这一地区埋藏土壤和现代表层土壤的土壤形态学、地球化学和磁性特征的综合比较研究表明,中世纪时该地区气候湿润度增加,并在 13—14 世纪达到顶峰。当时伏尔加河下游地区年平均降水量较今高 30—80 毫米。同一时期,俄罗斯科拉半岛高山树线的位置较今高 100—140 米,夏季温度较今高 0.8℃,捷克共和国波希米亚中部异常温暖,芬兰中部地区的温度甚至较今高 2℃。欧洲是蒙古帝国西征的地区之一,当时有可能处于过去千年最温暖的时代。

蒙古帝国兴起在亚洲中部,大部分地区属于大陆性温带草原气候。13 世纪欧亚草原暖湿气候为蒙古帝国的西征提供了物质基础,也诱发了他们西征的欲望。游牧民族传统生活方式是"逐水草而迁徙",既不栽培牧草,也不储备干草防御干旱或雪寒等自然灾害,其社会、经济活动高度依赖气候环境,对气候变化极为敏感。如果适逢气候暖湿、降水充沛、草地繁茂,则人畜两旺、社会经济繁荣;若气候干冷、降水减少、水源枯竭,则牧草枯萎、牲畜减量、经济凋敝。正是因为公元1200—1260年暖湿气候使得蒙古草原生物量充足,畜牧量增加,蒙古部落的财富急剧膨胀,催生了游牧帝国迅速崛起。草原英雄铁木真统一蒙古各部,于1206年在斡难河河源建立大蒙古国,尊汗号为"成吉思汗"。

暖湿气候还为蒙古帝国西征作战带来了便利。大规模征伐需要一定的人力和经济基础,尤其是长途的征伐,更需要大量的人、畜以携带必要的辎重。由于游牧经济在贮存、养育功能等方面存在缺陷,其经济能力具有高度的脆弱性,如果草原地区及其所征伐的区域气候环境恶劣,这种脆弱的经济能力对其军事行动的支持力度是孱弱的、不持续的、有限的。蒙古帝国大军三次西征过程中,遵循的是"因粮于敌,以战养战"的战略思想,即通过战争夺取敌人的军需物品就地进行补充,并依托沿途的天然草场为随军的马匹牲畜补充食物。暖湿气候一方面可以持续保障征伐过程中的物质要求,如随时获取必需的粮食和牧草;另一方面可激发军队的士气,让士兵感受到被征服的领土的诱惑力。这也说明了蒙古帝国最初为什么将进攻的主要方向放在西方的草原地带,而不是东南方的热带、亚热带地区,如大理(今云南)和南宋地区。

如果迁徙目的地类似于其迁出的地区,那么迁徙者的生活就能够以一种习惯的方式继续。如同中全新世,农业文明能够在欧亚大陆迅速传播是缘于位于同一纬度带的东西两地的气候条件、水热状况较相似,昼夜长短、季节交替变化也相同,因此植物分布有很大的一致性。同理可认为,草原征服者的行进路线和占领地区,会选择像以前居住地一样的地区。因此,这种征服式的迁徙通常会在同纬度或等温区发生,而不是跨纬度或跨等温线的地区,这就是所谓的"纬向牵引"。由于环境和生活方式的不同,草原征服者们在征服一

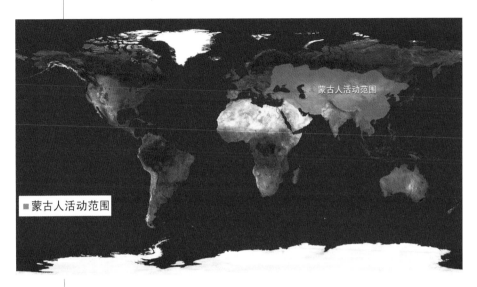

蒙古人活动范围

■ 蒙古人活动范围

■ 图 4.20
横跨欧亚大陆的蒙古人
活动范围示意图

个农业社会以后会不知所措。例如,10 世纪时的契丹人攻占了汴京（今河南开封）之后,不知如何适应,于是又退出该地。

这一温暖的气候时期,造就了一代天骄成吉思汗和蒙古帝国。成吉思汗于 1206 年建立大蒙古国后,先后征服了西辽、西夏、花剌子模和金国,并于公元 1219—1225 年、公元 1235—1241 年和公元 1252—1258 年分别对欧亚大陆进行了史无前例的西征。欧亚大陆的草原地带,主要位于北半球 40°—50° 的中纬度地区,除了局部有丘陵外,地势比较平坦,适合骑兵作战。至 1259 年蒙哥去世前,蒙古帝国控制了包括蒙古高原,中国西北、东北、华北,中亚,西亚以及东欧在内的广大地域。然而,从最初兴起发展到征服欧亚诸国,强大的蒙古帝国历经了半个多世纪的征战后,于 1260 年突然陷入了巨大的危机,当时全球气候开始降温,由中世纪暖期转入寒冷的小冰期。

公元 1260—1320 年,中国东中部冬半年平均气温下降 0.7℃,元朝后期（公元 1320—1368 年）东中部地区冬半年平均气温较今低约 0.5℃,标志着中世纪暖期后小冰期的到来。寒冷天气产生的风雪灾害给游牧经济带来了极大的破坏,一年或数年内频繁的灾害可以使一个部落的经济支柱遭受毁灭性的打击。气候寒冷的记载在典籍中大量出现，如在长江及其以南地区，元天历二年（1329年），"冬大雨雪，太湖冰厚数尺，人履冰上如平地，洞庭山柑橘冻死几尽"；元元统二年（1334年）杭州桃树盛花期推迟到清明；元至正九年（1349年）三月，"温州大雪"及"岭南地素无冰"。

1259年8月，蒙哥在攻打南宋钓鱼城（今重庆合川）的战役中离世。蒙哥暴毙，急促到没能在临终前留下遗诏确定继承人，导致此后忽必烈与阿里不哥为争夺汗位而发生内战。这场斗争看起来是争夺汗位，背后是传统草原游牧贵族集团与想摆脱传统适应农业文化的贵族集团之间的斗争。夺位之战历时4年，战火燃遍大蒙古国南北。战后，大蒙古国迅速分裂，形成了元朝以及各自独立的四大汗国。大蒙古国迅速衰落的原因一直是人们关注的焦点，游牧民族的流动性、选举继承制度的弊端以及缺乏支撑超级部落政体所必需的生态环境都是导致大蒙古国解体的因素。忽必烈在这场汗位争夺战中胜出，一方面是他个人领导才能的体现，另一方面是因为他坐拥中原腹地，拥有更多的物质资源。阿里不哥驻守漠北的哈拉和林，其军队大部分军需品依赖长途运输。忽必烈取得胜利的关键是切断了中原对漠北的物资供应，使得阿里不哥军队军资无着，兵困马乏，后继无力。而隐藏的因素最有可能是草原气候在较短时间内出现大范围异常，这种异常绞断了阿里不哥军队传统的物资供应链并造成大规模的非战斗减员。例如，大面积干旱使得军马粮草供给出现困难，低温雪灾导致人畜大量死亡，从而导致战争失利。

有可能正是看到了游牧社会对气候变化的高度敏感性，忽必烈胜利后不像他的前辈那样固守草原，仅依靠从农业地区掠夺物资以应对气候变化，而是毅然离开其世代居住的草原环境，定居到气候环境更适宜的农业地区。忽必烈建立元朝后，将其征服的重点地区由西方草原地区转向南方的热带—亚热带地区，并最终征服了经济发达、人口众多,而政治腐败、军事羸弱的南宋,建立了中国历史上疆域最大的帝国。

　　1279 年南宋兵败于崖山,左丞相陆秀夫抱着年仅 8 岁的宋末帝赵昺跳海自杀,十万军民亦相继跳海殉国,"崖山兵败"后,宋亡。

4.4 是神话传说还是真实历史

希腊神话在欧洲有着弥足轻重的地位,是欧洲的原始文明时期就积累的人类智慧、艺术、哲学和宗教的集锦,也为之后的欧洲文化、艺术和哲学的发展奠定了深厚的基础。同时,希腊神话也是欧洲最早的文学形式,从公元前8世纪一直流传至今。

希腊神话源于古老的迈锡尼文明,后者处于与中国夏商周相近的时期。那个时期的人们崇拜英雄豪杰,因而产生了许多人神交织的民族英雄故事。这些由众人创造的人、神、物的故事,经由一代代人的口耳相传,直至公元前8世纪才由古希腊诗人荷马记录于《荷马史诗》中。

按希腊诗人赫西俄德的说法,希腊神话中"人类时代"的第一个阶段是"黄金时代",这是克罗诺斯统治的时代。当时,人类无忧无虑地与神生活在一起,并虔诚地听从神的旨意,因为物质富裕,人类丰衣足食;因为身体强健有力,人类也不用担心疾病或死亡。如果那时的人类生活真如神话所描述的那样美好,那一定是一个气候温湿、风调雨顺的时代。

《荷马史诗》分为《伊利亚特》和《奥德赛》两部分。关于历史上究竟有无荷马这个人,这两部史诗是否真是他写的,这些问题在西方学术界争论已久。仅从《荷马史诗》开创了西方文学的先河来说,荷马堪称西方文学的始祖,他以诗歌般的记叙手法所展现的战争和生活场景至今仍为人津津乐道,《荷马史诗》也是研究古地中海地区风土人情的宝贵资料。

19世纪,德国传奇考古学家海因里希·施里曼,在少年时代深受《荷马史诗》的影响。施里曼的父亲是名牧师,经常给孩子们讲各种各样的童话、寓言和神话传说。施里曼7岁时得到一本《世界史图解》,这是父亲送给他的圣诞礼物。书中描绘的特洛伊战争的景象触动了这个孩子,使他树立了寻找特洛伊城和宝藏的梦想。正是这个童年的梦,使得施里曼在成为一位成功的商人后,投身于考古事业。他的目标就是到那个自幼向往的铁马金戈的古疆场,找出化为废墟的特洛伊古城和埋藏其中的宝藏。

在施里曼生活的时代,大多数人认为荷马只是古代传说中的一位吟游诗人,甚至将其归入神话之列。《荷马史诗》中的特洛伊战争故事流传最广。在该故事中,小亚细亚特洛伊城的王子帕里斯爱上了斯巴达美女海伦,并将她带回特洛伊。海伦的丈夫,也就是斯巴达国王墨涅拉俄斯邀集希腊其他城邦国,在迈锡尼国王阿伽门农的统帅下,率领强大舰队追到特洛伊,围城攻打 10 年,最后希腊联军巧施"木马计"攻陷了特洛伊城。1870 年,对《荷马史诗》情有独钟的施里曼根据《荷马史诗》中描绘的场景,在达达尼尔海峡附近土耳其境内的希沙里克山丘开始考古发掘。时光流逝,寒暑三易,他们发现了多层城墙遗址,并最终在一座地下古建筑物的围墙附近发掘出了大量珍贵的金银器物,仅一顶金冠就由 16353 个金片和金箔组成。施里曼兴奋地宣布,自己发现了特洛伊国王普里阿姆的宝藏。

1876 年,施里曼再接再厉,在希腊的伯罗奔尼撒半岛迈锡尼遗

■ 图 4.21
施里曼发掘的迈锡尼古城狮子门的遗址(a)和阿伽门农黄金面具(b)

址的狮子门内侧展开发掘工作,很快就发现了共计六座竖井墓的墓葬圈。墓内有无数精美的器物,例如,镶嵌黄金、凹刻猎狮图的青铜

匕首,有两个手把,把上各有鸽子相对的高脚金杯,等等。另外,墓内男尸脸罩金面具,胸覆金片,女尸佩戴金冠和其他金制首饰,尸体裹于金叶片内,珠光宝气,遍地黄金。

考古发掘的成果最容易引起世人的关注。2011 年开始发掘的海昏侯墓(一个在位仅 27 天就被废黜的西汉皇帝的墓葬)还引起世人的极大关注,何况阿伽门农是希腊历史上最伟大的帝王之一。因此当施里曼宣布他发现了阿伽门农的墓葬后,便在学界引起了广泛的热议,但也有不少人怀疑施里曼弄错了,而事实的真相的确也证实了专家们的怀疑。在施里曼宣布自己的发掘成果之后,很多专家特意前往迈锡尼遗址,对施里曼发现的墓穴进行深入研究。他们根据已有的考古经验,确定这处墓穴为典型的竖井墓,顾名思义就是如同井一样的墓穴。它是迈锡尼文明早期的墓葬形式,流行于公元前 18—公元前 16 世纪。后来随着社会发展,竖井墓就逐渐被圆顶墓所取代。而阿伽门农是生活在公元前 12 世纪的人,当时圆顶墓早已经流行开来,所以专家们最终确定,施里曼在迈锡尼狮子门遗址发现的墓穴并不是阿伽门农的墓,而是比阿伽门农还要早三四百年的一位贵族的墓葬。因此,施里曼发现的黄金面具自然也不属于阿伽门农。即便如此,这件弥足珍贵的文物至今依然使用"阿伽门农黄金面具"这个名称,并珍藏于雅典国立考古博物馆。

施里曼晚年在一封信中写道:"我想以一件伟大的工作来结束我一生的劳动,即找出克里特的克诺索斯诸王的史前宫殿。"但是,他没有来得及实现这一愿望就去世了。希腊神话中相传米诺斯王在克诺索斯修建了一座庞大复杂的迷宫。《奥德赛》中有关于克里特岛的描写:"有一个地方名叫克里特,在葡萄紫的海水中央,有 90 个城镇。在众城中最大的城是克诺索斯,有一位米诺斯王从 9 岁开始便治理那个地方。"

英国人亚瑟·伊文斯才是真正将米诺斯文明揭示给全世界的考

古学家。从 1900 年起,伊文斯开始在克里特岛发掘古迹,他也像施里曼一样根据古老的英雄传说和神话传说寻找古迹,他的挖掘地点选在传说中的克诺索斯。那些遗址上的古建筑埋藏不深,一年之后显露出来一座总体呈方形,面积达 2.2 万平方米的古代宫殿遗址。

王宫依山而建,规模宏大。南北各设主门,东西则设较小的入口。中央为南北 60 米、东西 30 米的长方形中庭,四周有各种建筑物。东侧用于国王生活起居,包括正殿(双斧殿,双斧是米诺斯王的象征)、王后寝宫、接待厅等 4 层或 5 层楼房;西侧主要用于祭祀,包括神龛圣坛、祭仪大厅、库房等 3 层楼房;南北两侧有宫廷大臣的宅邸和露天剧场等。中庭东部和西部各有楼梯连接东西两部各层,楼道与各层通道形成柱廊。楼梯、柱廊曲折迂回,令人难辨方向,故有神话传说中记述的"迷宫"之称。建筑材料木石混用,以石砌基部,

■ 图 4.22
克诺索斯王宫遗址(a)和王宫建筑群复原示意图(b)

柱子及屋顶则用木材。柱子上粗下细,上有冠板、托架,下有圆形石础。上下水道相当完善,各处墙面有浮雕壁画装饰,北入口处装饰有著名的公牛浮雕图。现存壁画有表现自然景物、国王贵族生活及各种庆典活动的场面,风格写实,色彩鲜艳,形象生动,表现了极高的艺术水平。王宫内还发现了丰富的陶器、金银工艺品及刻有米诺斯文字的泥板文书等。

克里特岛位于地中海东部的中间,是希腊第一大岛,也是地中海第五大岛,距希腊本土 130 千米。该岛东西长约 260 千米,南北

最宽 60 千米,最窄只有 12 千米,总面积约 8236 平方千米。克里特岛是一座以崎岖山地为主体的岛屿,100 多年前这里还默默无闻,没有人会料到希腊古典文化和欧洲文明在此起源并高速发展。克诺索斯王宫遗址的发现和发掘立即引起了巨大轰动,代表古希腊文明的米诺斯文化由神话变为现实。

伊拉克利翁是希腊在克里特岛上最大的城市,同时也是克里特大区和伊拉克利翁州的首府,还是重要的海运港口和航运码头,人们可以在这里乘渡船前往锡拉岛、罗德岛、埃及、海法和希腊大陆。从开进克诺索斯港的船上望过去,米诺斯王宫并不像一座耸立在海岸边的堡垒建筑。在灼热海风的吹拂中,在蓝色海水的映照下,那座华丽的宫城和周围宏大的立柱,构成一幅光彩夺目、气势恢宏的建筑图画,宛如大海上的一颗明珠,浑身散发着一种华丽的气息,彰显着过往的权力和富足。那时的米诺斯人能够使用复杂的文字,有多项体育运动。他们使用抽水厕所,知道把凉风引入室内调节气温,还制作了许多精美的工艺品和壁画。他们的使节和商船遍布古代地中海。然而米诺斯文明在其鼎盛时期却谜一般地消失了。考古发掘的结果显示,米诺斯的城市在同一时期全都遭到摧毁,所有的宏伟宫殿都被破坏无遗。米诺斯文明的突然消失,作为一个千古之谜,引发无数猜想。有人说是由于内部纷争,有人说是外族入侵,伊文斯本人还拿出地震破坏的证据。

米诺斯文明和一场火山浩劫的故事,以及亚特兰蒂斯的故事,在各种传说中流传下来,最早的记载源于古希腊哲学家柏拉图的《蒂迈欧篇》一书。柏拉图在书中说,雅典立法人索隆曾在公元前 590 年访问埃及,并从埃及祭司那里得知这场灾难的发生已有 900 年历史,算来应该是公元前 15 世纪的事。

20 世纪中期,一条行驶在地中海进行科学考察的海洋调查船在地中海东部海底取样,研究从地中海东部得到的深海岩芯,在两个层次上发现了圣托里尼火山喷发的火山灰,确定的年代为公元前23000 年和公元前 15 世纪。这些火山灰来自位于克里特岛北面约100 千米的锡拉岛。俯瞰今日的锡拉岛(图 4.23a),可发现它是座典型的环状火山岛,锡拉岛是昔日圣托里尼火山岛的一部分。沿锡拉岛海岸线可见高达 300 米的悬崖,由浮石层、火山灰和岩浆凝固形成,半个世纪以前岛上还有人开采火山灰,用来制造水泥。雅典地震研究所的研究人员在采矿井中发现了米诺斯文明时期的遗物,崎岖的悬崖见证了这个壮观美丽的希腊岛屿动荡的历史。

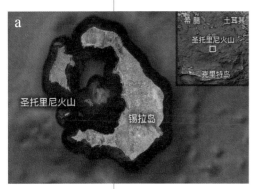

■ 图 4.23
锡拉岛的俯视图(a)和
悬崖海岸线(b)

根据科学家对现存圣托里尼火山岛的考察,证实了公元前 15世纪的火山爆发是历史上少数极具毁灭性的一场火山爆发,威力相当于广岛原子弹爆炸的 4000 倍,其喷出的烟柱可上升到数千米高空。烟柱中卷起数千吨火山灰,随后在地球高空大气层中飘散开来,广达几十万平方千米,连续几日的白天都是一片昏暗。格陵兰岛甚至远隔万里的中国和北美洲都受到了这次喷发的影响。锡拉岛残留的陆地掩埋在几十米厚的火山灰之下。火山附近的海床现在还积着一层火山灰,厚度从几厘米到几十厘米不等。

圣托里尼火山岛底部的火山岩浆上升(图 4.24a),冲破山顶爆裂,大量的岩浆涌出,火山灰喷发,初爆时只是一次简单的火山爆发。剧烈喷发后的间歇阶段,岩浆的沉降产生一个充满火山气体的大岩浆房(图 4.24b),顶上的岩层布满裂隙,海水沿着裂隙灌了进来,与炙热的熔岩混在一起。经过一段时间后,被加热的海水产生大量的水蒸气,形成巨大的压力,随同岩浆再一次上升和喷发,终于炸掉了整座火山岛,火山岛顶部崩塌并陷落于海面下的深处(图4.24c)。留在水面之上的部分形成一个巨大的破火山口,就是我们现在还能看见的环状岛屿(图4.23a)。火山岛的塌陷引起海啸,狂涛巨浪以每小时几百千米的速度向外扩散,一道道几十米高的水墙接连冲击克里特岛海岸。因为克里特岛与锡拉岛仅仅相距100千米,仅直接喷出的火山灰就覆盖了克里特岛山谷中肥沃的农田。几十米高的巨浪几乎在瞬间抵达,席卷了这里的一切,克里特岛的港口和渔村毁于一旦。此后,由于火山灰长期飘浮在空中,遮蔽了阳光,导致地中海地区气候变异,农作物大面积歉收。东西方两大文明之间的贸易也大受影响,繁荣的米诺斯文明随之迅速凋零。

■ 图 4.24
圣托里尼火山的爆发过程

 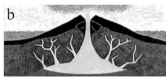 

劫后余生的米诺斯人逃到克里特岛西部,从那里渡海北上,到达希腊的伯罗奔尼撒半岛。公元前1400年左右,出现了迈锡尼文明的蓬勃发展,希腊有文字记载的历史就从这时开始。米诺斯难民把拼音字母、艺术和各种体育运动带到希腊,并教希腊人制造金器,还帮希腊人建造了代表迈锡尼文明的陵墓和宫殿。现在,越来越多的考古发掘资料呈现在世人面前,陈述着这些古文明之间的脉络关系。

米诺斯文明不尚武,因为在克里特岛上没有发现防御工事,并且它的艺术中也几乎没有战争题材的作品。王宫似乎也只是宗教、生活的中心,在米诺斯宫殿中有许多储藏室、作坊,这表明它不仅是国王的居所,也是行政与商业活动中心。据克里特复杂的海港工程与外销埃及或其他地区的物品佐证,米诺斯的经济大半依赖航运与贸易,或许当地的统治者就是商业首领,而国王的权力范围依旧有待探讨。米诺斯文明处于一个气候温暖的时期,在发展的鼎盛阶段,却因为一次突发的自然灾变和随之而来的气候变化,迅速地衰落了。

这样的事件在历史上发生过不止一次。1755 年 11 月 1 日,里斯本近海大地震产生的海啸袭击里斯本。里斯本是葡萄牙的首都,也是当时世界上最繁华的海港城市之一,却因海啸遭到极大的破坏。不仅如此,海啸还影响了西方的文化,特别是西方哲学,这也是葡萄牙衰落的重要原因。

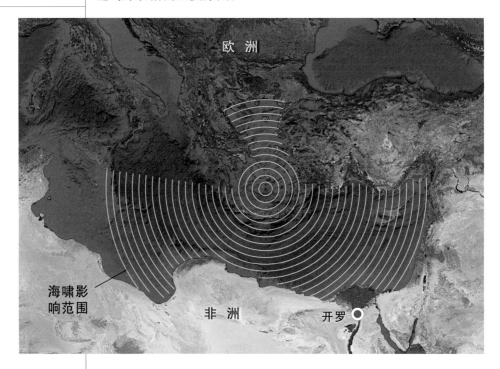

圣托里尼火山的爆发不仅给克里特岛的米诺斯文明带来了灭顶之灾,还波及整个尼罗河三角洲,给希伯来人和埃及的历史带来了深刻的影响。这些影响在《圣经》的记述中得到充分的描述。火山爆发引起的灾难(《圣经》中的十灾)造成尼罗河三角洲一片混乱,希伯来人的领袖摩西带领他的子民逃离埃及。英国学者戴维·罗尔在研究了大量文献和考古资料后,在《圣经:从神话到历史》中提出摩西率领希伯来人出埃及发生在公元前 1447 年,这个时间和圣托里尼火山的爆发时间几乎重合。离开埃及后的希伯来人在红海受阻,他们借海啸到来前的退潮之际穿越红海低地到达彼岸。

4.5　从一次火山爆发看脆弱的地球环境

1815 年 4 月 5 日,在印尼中部,以松巴哇岛为中心,方圆1000
多千米范围内的居民都听到了一阵震耳欲聋的轰鸣声,霎时间,空
中布满灰烬,一片漆黑。不久,当地就被黑暗彻底笼罩了,灰烬持续
数日如雨点般落下,覆盖了村庄和城镇。松巴哇岛北岸的坦博拉火
山发生了史上规模最大的灾难性爆发。爆发的火山伴着轰轰的巨
响,不断向高空喷出大量的火山灰和气体,厚重的火山灰在之后 3
天将附近 480 千米范围内的天空完全遮黑,直到 7 月 15 日才停止
喷射气体和火山灰。从火山口倾泻下来的熔岩流,在淹没了山脚下
的大片农田后,流入海中,激起冲天水雾。火山爆发时伴随的地震
使海底地壳沉陷,引起了海啸,巨浪吞没了火山旁的坦博拉镇。

经过连续 3 个月的强力喷发,坦博拉火山的海拔降低了约 1300
米。火山爆发导致松巴哇岛上 1.2 万人丧生,毗邻的龙目岛上 4.4
万人因火山灰降落引发的饥荒而丧生。

火山学家已经确定,自最近的冰期以来共计有 5560 多起火山

■ 图 4.26
1815 年爆发的坦博拉
火山至今在地图上还
清晰可见

爆发。坦博拉火山爆发是其中规模最大的一次,其威力可能超过导致米诺斯文明消失的公元前 15 世纪的圣托里尼火山爆发。另外,因为火山爆发而散播到大气中的火山灰的数量是 1980 年圣海伦火山爆发时的 100 倍,也超过了 1883 年喀拉喀托火山爆发产生的火山灰的量。

坦博拉火山的爆发将体积约为 150 立方千米的火山灰喷入平流层,这些火山灰中含有的巨量二氧化硫云混杂着高反射性粒子,随着大气环流散布全球。进入大气层的浓密火山灰降低了大气的透明度并将阳光反射回太空,从而减少了地球表面可吸收的太阳辐射,一个直接后果就是全球气温骤降。对于一些农作物来说,剧烈的降温意味着光合作用的减弱和生长难度的增加,这深深地动摇了世界各国的农业基础。

因为火山灰在大气层中流动需要时间,所以并没有立刻影响附近地区的气候。在此之前还有两次火山爆发,分别发生在 1812 年的加勒比海地区和 1814 年的菲律宾。这些在大气层中早已存在的火山灰造成的影响因为坦博拉火山的喷发变得更加严重,使 1816 年的全球平均气温下降 0.53℃。北半球大部分国家都没有迎来夏天,所以 1816 年也被称为“无夏之年”。那一年,灾荒席卷全球,几乎影响到整个世界。1816 年 1 月下旬,匈牙利为期两天的暴风雪,降下了褐色和肉色的雪花。意大利南方城市塔兰托平时极少降雪,所以当居民看见红、黄色的雪片时,震惊不已。4 月和 5 月美国马里兰州降下了褐色、蓝色和红色的雪花。欧洲西部和中部在整个重要作物生长季里遭遇了强降雨以及异常低温,夏季的月均温度比往年低 2.3—4.6℃。此外,这也是英格兰北部 200 年来创历史纪录的最冷 7 月,雹暴和猛烈的雷阵雨摧毁了处于生长期的作物。7 月 20 日,伦敦的《泰晤士报》评论道:“如果天气像现在这样一直多雨,玉米必然遭殃,这段时间的灾难势必对农民以及更广大的人民造成毁灭性的打击。"

1816 年的农作物灾难性歉收,使西方世界经历了最近一次真正大规模的粮食短缺,引发了 1816—1817 年的生存危机。农作物歉收导致的生存危机还引发了疫情,使英国爆发斑疹伤寒和流行性回归热。1816 年秋天,伦敦斯毕塔菲尔德的纺织工人中出现斑疹伤寒病例,疾病迅速传播到了贫民区。救济院内挤满了饥民,他们有的刚从街头被遣送过来,有的已经出现发热症状。伦敦一家医院的医疗主管托马斯 · 贝特曼总结道:"疫情是经济状况的晴雨表,而营养不良则是导致疫情的罪魁祸首。" 1817—1818 年,爱尔兰约有 85 万人感染了斑疹伤寒。

19 世纪初英国浪漫主义诗人乔治 · 戈登 · 拜伦在这个无夏之年写了一首《黑暗》,诗中描述的寒冷、饥饿、疾病和消失的白昼就是这次火山爆发带来的后果。

黑 暗

我曾有个似梦非梦的梦境,

明亮的太阳熄灭,而星星在暗淡的永恒虚空中失所流离,

无光,无路,那冰封的地球球体盲目转动,在无月的天空下笼罩幽冥;

早晨来而复去——白昼却不曾降临,

人们在孤独的恐惧里将热情忘记;

那一颗颗寒冷霜冻的心都自私地祈求黎明……

又得到一顿飨宴,

鲜血淋漓,餐餐不尽足餍;

在阴郁惨疠里狼吞虎咽;爱于焉不存;

漫地遍野仅剩一念——唯有一死

迅速且缺少尊严;

那饥馑侵彻肠胃——人们毙命而曝尸荒野,骨肉不掩;

遍地瘠土都遭席卷……

他们沉眠于死寂的深渊——

波涛已逝,浪潮止息,

尊贵的月神已命尽陨灭;

凝滞的气流里风也断绝,

烟消云逸,他们留存无益,

因为黑暗——便是宇宙自己。

　　1805 年至 1820 年的寒冷期,使欧洲人经历了小冰期的极寒天气,1812 年之后欧洲人几乎年年都会经历白色圣诞节。1812 年诞生的小说家查尔斯·狄更斯在成长期间经历了自 17 世纪 90 年代以来英格兰最冷的 10 年,他的多部短篇小说取材于此,例如《圣诞颂歌》。火山爆发是小冰期极寒天气的成因之一,火山灰悬浮在各地大气中形成雾霾。英国的一位教区牧师写道:"三个月以来,每天早晨太阳都从烟云中升起,潮红而黯然,发出微弱的光和热;每到夜晚,地球表面也被浓重的雾气笼罩着,未曾留下太阳照耀过的丝毫痕迹。"

　　坦博拉火山的爆发同样影响了中国。清嘉庆二十一年(1816 年),清朝迎来了一个相对寒冷的夏天。云南在 7 月下起雪来,这对当地的各种农作物,尤其是给水稻的生长带来了巨大的破坏。"田禾尽坏""冬大饥""民饿死者甚众"等记载也在那一年的政府公文及地方县志中频繁出现。一场罕见的大灾荒就这样诡异地从天而降,满是饿殍的街巷上,幸存的百姓含泪贩卖自己的儿女,有的妇女甚至抱着自己的孩子投水自尽。

　　1815—1817 年,云南地区发生的大面积灾荒被称为"嘉庆大灾荒",这是云南清朝时期有记载的规模最大、最严重的一次饥荒。据云南《邓川县志》记载,清嘉庆二十一年(1816年)"是岁大饥,路死枕藉"。昆明诗人李于阳在《卖儿叹》中写道:"三百钱买一升粟,一升粟饱三日腹。穷民赤手钱何来,携男提女街头卖。明知卖儿难救饥,忍被鬼伯同时录……"

除了嘉庆大灾荒,在中国东部的广大地区,那几年也出现了一些极端低温事件。1815年,在台湾新竹,苗栗皆"十二月雨雪,冰坚寸余",彰化"冬十二月有冰"。1817年,在江西彭泽县"六月下旬北风寒,二十九日夜尤甚,次早九都、浩山见雪,木棉多冻伤",湖口县"六月低,天暴寒人"。可见1816年夏季低温并不仅仅局限在云南一隅,而是影响到了中国的广大地区。那一年江南地区粮食减产两三成,之后年年减产,一亩好地"可值十余千,递降至一二千钱不等"。农作物产量降低,而成本居高不下,农民破产,土地荒芜,富庶的江南一片萧条。

1700年,整个欧洲的经济规模和中国几近相等,而在1700—1820年的一个多世纪,中国经济的年均增长速度是欧洲的4倍。然而,在1820年以后的一个半世纪,中国经济在世界经济中的份额一直在下降,并成为世界六大经济体中唯一出现人均国内生产总值下降的地区。由此可推测,1816年是以农业为主的中国经济的拐点,而其背后就有气候变冷的深层原因。

一只蝴蝶的翅膀不经意地扇动,会给几千千米之外带来一场飓风吗?"蝴蝶效应"是气象学家爱德华·洛伦兹1963年提出来的:一只南美洲亚马孙河流域热带雨林中的蝴蝶,偶尔扇动几下翅膀,可能在两周后引起美国得克萨斯州的一场龙卷风。其原因在于:蝴蝶翅膀的运动,导致其身边的空气系统发生变化,并引起微弱气流的产生,而微弱气流的产生又会引起四周空气或其他系统产生相应的变化,由此引起连锁反应,最终导致其他系统的极大变化。此效应说明,事物发展的结果,对初始条件具有极为敏感的依赖性,初始条件的极小偏差,将会引起结果的极大差异。那么,当一场最为狂暴的火山爆发之后,地球的创伤会有多大?坦博拉火山爆发是否就是那只最为巨大的蝴蝶翅膀?

1815年坦博拉火山爆发释放的硫化物在高空凝结成硫酸盐微粒,然后随着大气环流"周游"世界,增强了大气对阳光的散射,将夕阳的红、橙色变得更加明显。受此启发,英国著名风景画家威廉·特纳在1816年后改变了画风,创作了猩红的"落日"系列,开辟了一条独特的艺术道路。

《佩特沃斯湖落日》是研究当时大气的绘画之一。根据《大气化学与物理学》期刊发布的一项研究,欧洲的画家可以看到坦博拉火山爆发后天空颜色的变化。分散在大气中的悬浮微粒,使得欧洲出现亮红色和橘色的日落景色,这样的情况持续了若干年时间。

■ 图 4.27
英国著名风景画家特纳的作品《佩特沃斯湖落日》

坦博拉火山爆发造成的大灾荒,不只对整个中国农业经济影响巨大,还造成了中国人饮食结构和习惯的变化。仅以1816年之后山东胶东半岛为例,在传统喜温耐旱作物减产和耐寒湿的农作物增产的趋势下,胶东半岛开始种植番薯,之后气温回升,玉米、花生等农作物的种植面积呈爆发式增长。从此,中国的北方人开始普遍食用红薯、玉米和花生。

值得一提的是,正是这次大饥荒促使人们为了提高农作物产量而发明了化学肥料。另外,也是因为喂马的燕麦价格涨了8倍,马车难以成为主要的交通工具。1817年,德国人卡尔·德莱斯发明了自行车。

1816年,英国诗人乔治·拜伦在瑞士日内瓦湖附近的一座别墅迎来了几位客人,其中包括诗人珀西·雪莱和他18岁的女朋友玛丽。然而,这几位客人拜访之际,阴冷凄凄的雨却始终下个不停。在别墅外,反常气候导致的饥荒滋生了无数的暴民,街头巷尾充斥着肆无忌惮的暴力。被阴雨和动乱困在屋里的几人决定借着这阴森压抑的气氛讲恐怖故事以打发时间,也正是得益于在那个雨夜中捕捉到的灵感,人类历史上第一部科幻小说《科学怪人》于两年后问世。

法国作家维克多·雨果在《悲惨世界》中描述过英法战争,他对1815年6月18日的"滑铁卢战役"做过这样的评价:"一个不合时宜的阴云密布的天空足以导致一个世界的崩溃。"拿破仑统一欧罗巴的梦想,竟被天气击碎,这可能吗?伦敦帝国理工学院的马修·金奇认为可能。他的研究表明,1815年的坦博拉火山爆发,造成当年的阴雨天气,使得拿破仑失掉了"滑铁卢战役",最终错失了整个欧洲。

在自然灾难面前,人类社会竟如此脆弱。强火山活动是气候研究中不确定性的重要来源。在气候暖期,一次超级火山的爆发摧毁了米诺斯文明;在气候冷期,同样由于一次超级火山的爆发造成了全球性的灾难。

第五部分

大象无形

气候变化与人类社会生活

社会形态从简单的原始聚落到复杂的庞大帝国,社会记忆从口述相传的神话传说到文字记载的文明历史。这些传说和历史在各种社会形态中构成并传播开来,无论是狩猎采集社会,还是伟大的文明社会皆一样。中国的特别之处就在于,它保存了最长的人类历史的社会记忆文献。中国传统的气候记载中的部分资料,起源于遥远的古代,自那时流传至今。在中国辽阔的土地上,不同的区域有不同的地形,也有不同的气候特征。

新石器时代以来,不同地域针对各自的气候环境,都形成了本地文化的气候传说。因此,秦汉时期以前,还没有哪一种气候传说可以作为整个中国的代表。历史文献的记载亦是如此,春秋战国时期的《礼记·月令》中的物候与南北朝时期相比就有了很大不同,寒冷时期的南北朝《大明历》到了温暖时期的唐朝就不适用了,而改用《大衍历》。近万年历史中出现的温暖和寒冷气候时期的交替,受天文和地质突发事件的影响。气候的冷、暖期改变了人类的生存环境,也对人类社会产生了巨大影响。

5.1 环球同此凉热：行星活动对气候的影响

人们常说的天气,是指一定区域内在某一时段内地表大气中干、湿、冷、热的变化的习惯表述,这是人能直接感觉到的,所以人们会说"今天天气很好,风和日丽,晴空万里""昨天天气很差,风雨交加"。人们也能观察到风、云、雨、雪、霜、虹、晕、雷电等大气物理现象,这些可被观察和描述的现象,被称为气象。相对于天气而言,气候是较长时间内天气状况的概括,是通过积累和比较而来的。影响气候变化的因素很多,可能来自遥远的地方(如火山爆发)或遥远的星球(如太阳活动)。这种地质、天文活动的影响能够波及全球,影响全球的气候,究其本质都是改变了太阳传输到地表的能量。

5.1.1 火山爆发对全球气候的影响

火山爆发是一种奇特的地质现象。它是地壳运动的一种表现形式,是岩浆等喷出物在短时间内从地球内部向地表的释放。强烈的火山爆发会向大气中排放大量的火山灰、水蒸气和二氧化硫等,特别是二氧化硫产生的硫酸盐可以在空中形成气溶胶,造成气溶胶含量增加30—100倍。这些气溶胶可以在空气中停留3—5年,减少太阳到达地表的辐射量,从而影响地球的气候。根据估计,月、年尺度的强火山爆发可使半球甚至全球的年平均温度下降0.3℃,且持续时间超过两年。特大规模的火山爆发造成的温度下降幅度更大,影响时间也更长。例如,1883年爪哇和苏门答腊之间的喀拉喀托火山爆发,喷出岩浆约50立方千米,使得第二年全球降温1.2℃;1991年菲律宾的皮纳图博火山爆发,喷出了约10立方千米的岩浆,并将1700万吨的二氧化硫送入了大气层,形成的气溶胶使地面的阳光减少了10%,使得两三年里全球温度降低0.5℃。

2010年冰岛的艾维法拉火山的一次非常小规模的喷发,造成了冰岛严重的空气污染,导致这一地区的航空运输全部中断。由于现代通信技术的便捷,人们很快就在互联网上看到这一壮观景象。回顾 1815 年,因为印尼松巴哇岛的坦博拉火山爆发,造成了全球性的降温,让 1816 年成为"无夏之年"。那个时代的通信交通远不能和现代相比,一个在印尼的英国商人在寄往英国的信中描述了这次火山灾难,但是信件 7 个月后才寄到英国。那一年伦敦的冬天异常阴冷而且见不到太阳,当时的伦敦人并不知道这个寒冷的冬天和 1 万千米以外的火山爆发有关。

火山爆发对大气的影响程度与爆发的规模有关,小规模的喷发只停留在对流层,喷出的火山灰很快就被降水冲刷到地面,不会有明显的气候效应,所以 2010 年冰岛的艾维法拉火山爆发仅影响了欧洲。如果是大规模的喷发,它的喷发物会进入平流层,并在平流层停留,太阳辐射就会被火山灰和它的一些衍生物散射或者反射

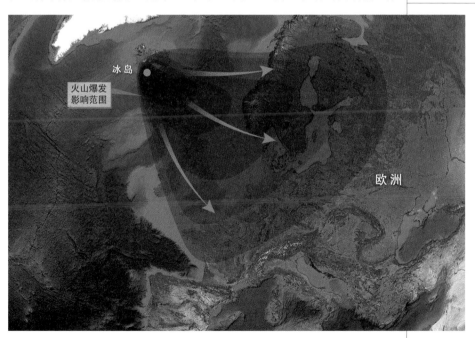

掉,到达地面的太阳辐射变少,地面就变冷了。

1991 年,菲律宾的皮纳图博火山爆发,它的喷发柱超过 30 千

米,已经深入到了平流层,比飞机巡航的高度还要高很多。这次喷发在次年造成了显著的气候效应,全球平均气温降低了 0.5℃,给许多地区带来低温灾害,比如中国的东北在这一年夏天就经历了严重的低温灾害。这次火山爆发对全球气候产生了显著影响,在接下来的 5 年内,全球平均气温下降了 0.25℃。

从近 2000 年的全球气候温度变化曲线(图 5.2)来看,蓝色区域是地球上火山活动频繁的时期,也是太阳活动减弱的时期,和中国历史上的寒冷期密切相关。中国历史上的 3 个寒冷时期,也是全球各地强火山爆发频频发生的阶段。

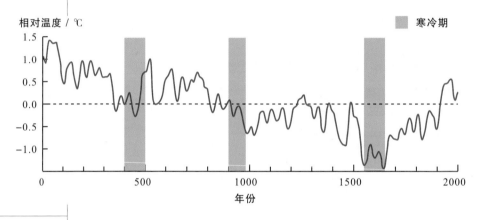

■ 图 5.2
2000 年来全球气候温度变化

人们都知道,公元 79 年意大利的维苏威火山爆发摧毁了当时拥有 2 万多人的庞贝古城,但很少有人知道它的爆发也会对遥远地区的气候产生影响。维苏威火山在公元 203—512 年间多次爆发,235 年的那次规模为 4 级,当年 8 月 2 日至 31 日南京一带有陨霜,初霜的日期较今提前了 70—80 天。这一时期,全球共有 9 次大规模的火山爆发,其中达到 4 级以上的就有 6 次。这一时期的全球温度降低与火山频频爆发有一定的对应关系。540 年,巴布亚新几内亚的拉包尔火山爆发规模为 6 级,当年 5 月河南大雪。《北史》中记载 548 年发生干旱,《南史》中记载 549 年、550 年发生饥荒,长江南岸人食人肉,这一段寒冷时期正值中国历史上的魏晋南北朝末期。

五代处于气候冷期,934 年冰岛的埃尔加火山爆发,规模很大,持续的时间也很长,有 3—8 年。据史料记载,在公元 939—940 年,中国经历了非常严重的降温,其后出现了非常严重的旱灾、蝗灾,最后引发了饥荒,这些可能是导致五代的后晋灭亡的一个重要原因。

1300 年后,全球气候进入人类文明史上的最后一个寒冷期。13 世纪中后期地球曾有 5 次规模较大的火山爆发,即 1239 年、1259 年、1269 年、1277 年和 1285 年。其中,1259 年在低纬度地区的火山爆发是过去 2000 年里规模较大的一次。

1600 年,秘鲁的怀纳普蒂纳火山爆发,是南美洲有记录以来最大规模的火山爆发。这次火山爆发的时间和中国 1601 年的极端异常冷夏似乎也有着很大的联系。那年夏天,黄河中下游地区经历了严重的霜灾,有些地方还下了雪,长江下游,甚至北纬 20° 的海南琼山县也出现了降雪。1815 年,印尼的坦博拉火山爆发,喷出岩浆约 50 立方千米。大量的火山灰进入大气,遮挡了太阳辐射。全球性的低温席卷了欧洲、美洲和亚洲,引起的降温使得 1816 年成为"无夏之年"。频发的大规模火山爆发,造就了长达五六百年之久的明清小冰期。

5.1.2 太阳活动的强弱对全球气候的影响

1260 年前后,全球气候发生突变的动力机制可能是太阳活动和火山活动叠加的结果。如果考虑到太阳热力响应的滞后作用,气候冷期与太阳活动最小期是对应的,而 13 世纪中期气候转变与太阳活动极大期向极小期转变在时间上也有对应关系。太阳活动的强弱变化被认为是形成小冰期寒冷气候的另一个重要因素。

太阳活动中与气候变化关系密切的主要有:太阳黑子、耀斑和太阳风等。太阳表面温度约为 6000K,太阳黑子区域温度较低,这会降低太阳辐射强度,但耀斑面积会相应增加,耀斑区域温度较高,这又会增加太阳辐射强度。因此,太阳黑子和耀斑的作用叠加的效果是:在太阳活动强的年份,太阳辐射总量增加;在太阳活动弱的年份,太阳辐射总量减少。

中国人对太阳黑子的观察早已有之,《淮南子》中有"日中有踆乌"的明确记载,中国正史上就有100多次太阳黑子记录。这些材料,对太阳黑子出现的日期、形状、大小、位置及变化情况都记述得非常准确、详细,是极其珍贵的科学文化遗产。西方最早对太阳黑子进行研究的人是德国天文学家古斯塔夫·斯波勒,他发现从17世纪中期到18世纪初期,太阳表面基本上没有黑子分布,并在1889年发表了有关这一研究成果的论文。后来伦敦皇家格林尼治天文台的爱德华·沃尔特·蒙德注意到斯波勒的研究,并于1894年在《皇家天文学会志》上发表论文,介绍了从1645年到1715年几乎没有太阳黑子被观测到的这一事实。在论文中蒙德写道:"太阳似乎进入了休眠阶段,70年中所观测到的太阳黑子的总数相当于19世纪黑子极小期中一年所观测到的量。"然而,蒙德的观测成果与斯波勒的论文一样,在长达80年的时间里都没有受到任何关注。

直到20世纪,太阳物理学家杰克·艾迪研究过去的观察结果提出了有关太阳活动的假说。他认为太阳黑子数目每隔数十年就会发生大的变动,并且是由太阳自身活动的变动所导致的。由于太阳黑子数目的变动与显示太阳活动强弱的放射性碳同位素的比率变化相一致,因此人们逐渐开始接受太阳黑子数量少的时期即为太阳活动低迷的时期这一观点,并将这些成果与全球气候冷暖变化联系起来。人们出于对前人科学研究成果的尊重,将公元1420—1570年的太阳活动极小期命名为"斯波勒极小期",将公元1645—1715年的太阳活动极小期命名为"蒙德极小期"。

太阳活动的周期主要有11年、22年和80—90年三种。最为明显的是蒙德极小期,在这70年中几乎完全没有太阳黑子的活动。

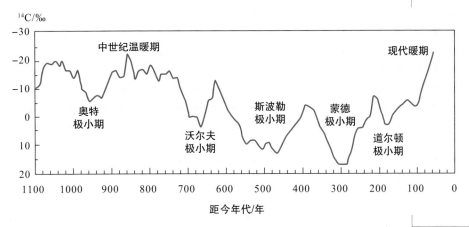

在此之前还有斯波勒极小期、沃尔夫极小期(公元 1275—1340 年)等。这些太阳黑子减少的时期无一例外都是更加寒冷的时期。明末崇祯皇帝在位期间(公元 1628—1644 年),几乎无岁不灾,虽然崇祯帝励精图治、殚精竭虑,却终究无力回天。公元 1618 年、公元 1622—1629 年,以及公元 1633—1643 年的饥荒极为严重,西北地区爆发了李自成等人的农民起义,东北地区的满族人则不断入侵,蚕食明朝边疆。内忧外患最终导致明朝灭亡。

在斯波勒极小期,欧洲、北美洲、青藏高原都出现了冰川的扩张,森林地带急剧缩小,草原扩张,严寒导致农作物连年歉收。20 世纪六七十年代的低温,正好相当于太阳黑子的低活动期。从 16 世纪到 19 世纪中期的"小冰期"也被认为和蒙德极小期有密切关系,当然也有火山爆发作用叠加的关系。玛雅文化的衰亡主要是由于中美洲地区出现严重的干旱,而干旱的源头可能就是太阳活动的 200 年周期。此外,太阳活动还可以通过改变区域水循环,影响季风降雨。例如,有研究表明最近 1000 年全球季风的弱化期对应着太阳活动的极小期,而强化期则对应着太阳活动的极大期。

对太阳黑子记录的统计分析,公元 310—400 年、公元 520—620 年是两个太阳活动较强的周期时段;而公元 210—310 年、公元 400—520 年则为两个太阳活动较弱的周期时段。这几个太阳活动的强弱时段与同期的气候温度变化有较好的一致性,说明太阳黑子的活动能在一定程度上解释气候温度变化。

5.1.3 季风对全球气候的影响

早在中国周朝的《诗经》中就有关于东亚冬季风的描述:"北风其凉,雨雪其雱""北风其喈,雨雪其霏"(《国风·邶风·北风》)。相传虞舜所作的《南风歌》中描述了东亚夏季风:"南风之薰兮,可以解吾民之愠兮;南风之时兮,可以阜吾民之财兮。"明朝郑和七下西洋,除了第一次夏季启航、秋季返回外,其余六次均在亚洲冬季风(北风)时出发,亚洲夏季风(南风)时归航,这充分说明了中国古人对季风活动规律的深刻认识。

太阳对海洋和陆地的加热差异,导致大气中气压的差异,进而形成了季风。夏季时,海洋的比热容大,升温缓慢,海面温度低,形成冷高压;而大陆的比热容小,升温快,陆面温度高,形成暖低压。夏季风由冷海面吹向暖大陆;冬季时则正好相反,冬季风由冷大陆吹向暖海面(图5.4)。印度位于亚洲之南,故其季风的方向是冬东北而夏西南;中国地处亚洲东部,所以季风的方向是冬西北而夏东南。所以在中国东南部居住的人,会在冬季感受到寒冷的西北风,

■图 5.4
大陆与海洋对于热量吸收与释放的差异形成季风

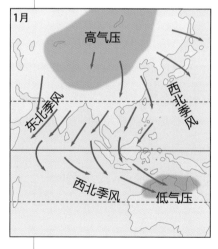
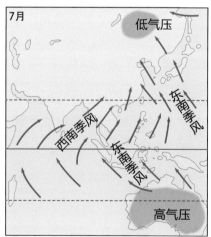

在夏季享受到宜人的东南风。

季风除了受太阳对海陆加热差异的影响,还受地球运行轨道几何形态变化的影响。米兰科维奇循环(参见第一部分)对地球轨道变化引起气候变化进行了论证:10万年的地球公转轨道偏心率的变化周期、4.1万年的地球自转轴倾斜角度的变化周期、2.6万年的进动周期。地球与太阳之间相对运动的周期性变化显然给地球的气候带来影响,尤其是在万年及更短的时间尺度上,地球又受太阳活动周期等多种因素的影响。

米兰科维奇指出,1万年以来北半球接收到的太阳辐射逐渐减少。在9000年前,近日点在夏季(近夏至点),现代的近日点在冬季(近冬至点)。夏季地球离太阳近并且日照时间长,地球表面得到的太阳辐射增多,使得气候的季节性差异增大,从而使得季风加强。与此相呼应的是,现代研究表明,北半球的季风在近几千年来呈现减弱的趋势。

■ 图5.5
全新世北半球季风呈逐渐减弱的趋势

现代社会有一半以上的人口生活在季风区,季风降雨决定了每年的降水分布和农业收成。东方的两大农业文明——南亚的哈拉帕文明和东亚的中华文明,它们的发展都与季风有着密切的关系。中国受东南和西南季风影响,总格局是东南多雨,

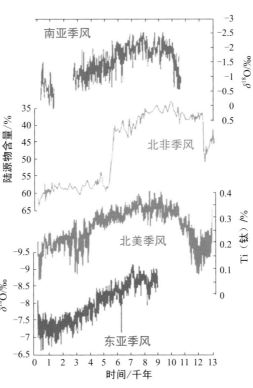

西北干旱。夏季风减退造成降雨带向东南退缩,导致尧舜禹时代出现了北旱南涝的现象。季风带来的降水变化还导致了中国的农业和游牧两个区域之间的进退,这是中国历史上农业和游牧社会冲突的主要因素。夏商周时期是中原文明的繁荣期,东南来的季风将水资源推向北方,滋润着中原大地。几千年来季风的减弱,使得北方的土地得不到足够的降水,土地的承载能力大大下降,导致北方人口一次又一次南迁。

对农业社会来说,季风最大的好处在于它的规律性。稳定的季风降低了旱涝灾害发生的频率,从而极大地保护了脆弱的古文明。但另一方面,季风气候的改变也导致了许多古文明的衰落。例如,在 5500—5000 年前,东亚季风减弱,中国北部的降水量减少了50%。据研究者推测,干旱导致该区域的人类文明发生了重大转变,两大早期的新石器时代文明——中国北部的红山文化和中部的仰韶文化在这一时期衰落。中国良渚文化、古埃及文明、苏美尔文明、哈拉帕文明的衰落和变迁,1000 多年前玛雅文明的消亡,600 多年前柬埔寨吴哥王朝的衰落,可能都与季风降水急剧减少导致的严重干旱有着密切关系。

5.2 大象的退却：气候与生活环境的变迁

5.2.1 大象的南退

在当代人们的印象中,大象是一种充满异域色彩的热带动物,人类驾驭、驯化大象这种现象,在东南亚之类的热带地区才会有。人们很难想象,大象曾广泛生活在上古时期的中原地区。

■ 图 5.6
七千年来大象的南退

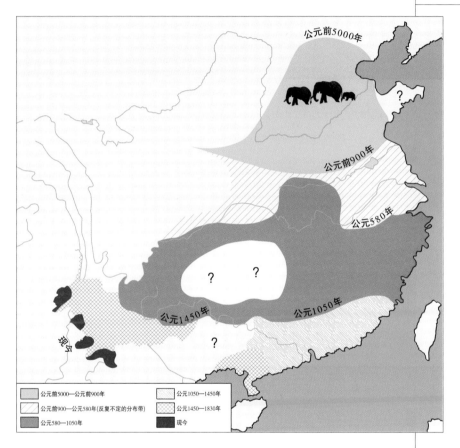

公元前5000年

公元前900年

公元580年

公元1450年

公元1050年

现今

公元前5000—公元前900年	公元1050—1450年
公元前900—公元580年(反复不定的分布带)	公元1450—1830年
公元580—1050年	现今

公元前 2000 年左右,传说大禹治水成功,划定天下九州。其中河南(黄河中下游以南)一带被划分为豫州。豫是一个象形字,表示一个人牵着一头象。这说明大洪水前后,河南一带有很多野象活动。商朝是中国历史上第一个热高峰。因为天气炎热,当时的中原地区都是大片的原始森林,充满热带风光。那里不仅植被繁盛,而且生

存着很多大象。研究人员在殷墟遗址一带出土的大量甲骨文中,发现有不少关于野象的记载,如"今月其雨,只象""于癸亥舍象,易日"等。舍是打猎的意思,象作为打猎的对象,显然是野生的。

甲骨文中经常可见"获象"的记载,最多的一次捕获了 250 头野生象。捕获的野生象经过驯化,就可为人所用。日本学者白川静认为,商人在修建宗庙等大型工程时,可能使用了驯化的大象搬运木材等建筑材料。

《甲骨文合集》中有 8984 片记载雀国是否向商王进贡大象;4611 片记载进贡的大象送到了;3291 片记载一些大象被赠送给仓侯,让他带回去;32954 片记载商王到大象饲养地视察;4616 片记载占卜求问大象是否会遭灾。说明商朝要求诸侯进贡大象,有时还会转赠大象给诸侯,甚至还会问大象是否平安。

大象在商周时期已经被人们用于战争。《吕氏春秋·仲夏纪·古乐》中有相关叙述:"商人服象,为虐于夷。周公遂以师逐之,至于江南。乃为《三象》,以嘉其德。"意思是:"商人驯化大象,用之征伐东夷。但周朝灭商后,周公东征,一路将商朝的战象部队驱赶到南方,还创作了一首诗歌《三象》作为纪念。"《三象》后来成为周人的战争舞蹈《大武》中的内容。表演《三象》要用戈和盾牌,从表演中可见商周时期乘象的武士,驾驭在大象之上,手持戈、盾进行战斗。

战象长有獠牙,这种长牙在战场上不但能震慑敌方,还能在冲锋时造成实际的物理伤害。《周礼·秋官·壶涿氏》记载:"若欲杀其神,则以牡橭午贯象齿而沈之,则其神死,渊为陵。"意思是说将两段象牙一纵一横贯穿橭木,组成一种十字形的器物,沉入水中就可以杀死邪恶的水神,甚至能使水神居住的深渊变为高地。可见在商周时期的人们看来,象牙是一种神奇的物品,充满了超自然力量。

在商朝中期的郑州小双桥遗址就发现过被献祭的大象的骨骸。1935 年,在梁思永主持发掘的殷墟王陵东区 1400 号大墓附近就发

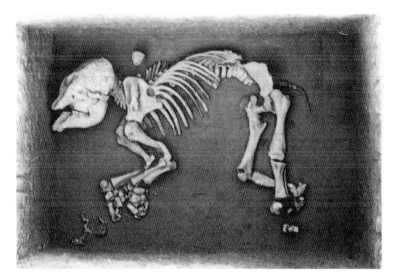

现过象坑,其中埋着一头成年象和一名大象饲养者。1978 年在殷墟
王陵西区东南发掘的祭祀坑 M35 中埋着一头戴着一个铜铃的幼象。
幼象身高 1.6 米,身长 2 米,门齿尚未长出,经专家鉴定,属于亚洲象。
说明这些戴着铜铃并有专人饲养的大象不是野生象,而是“商人服
象”的证明。此外,这些大象都埋葬于王陵区的祭祀坑,显示了大象
的重要性。

《孟子·滕文公下》也记载有“周公相武王诛纣……驱虎豹犀象
而远之”,谈到周公东征的商朝“猛兽军团”有虎、豹、犀牛和大象。
各种猛兽被投入战场,瓦解敌方的士气,其中也包括了战象。到了
战国时期,野生象逐渐绝迹,《韩非子》《战国策》中只提到“死象之
骨”和“白骨疑象”,说明战国时期中原只留下大象的骨头遗迹。东
汉许慎在《说文解字》中写道“象,南越大兽”,这说明至少在东汉人
看来,大象已经是一种充满南方异域色彩的动物了。

为什么商周时期的中原到处都是大象,战国时期以后象就渐渐
从中原消失了呢? 商周时期中原的气候比现代温暖、湿润,黄河流
域接近现代南方的气候。甲骨学家、史学家胡厚宣就曾说:“殷代气
候,不特稍暖,且远较今日为热。”竺可桢也谈到,殷都的大象是本土

所产,并非从南方引进。当时殷都的气候为热带或亚热带,完全适宜大象生存。在中原地区新石器时代的地层中,多有象骨的遗存。

公元前1100—公元前771年,中国气候在经历了长达几百年的第一个暖期之后,进入了第一个短暂的冷期。这个时期,中国已有文字记载可供查考。据《竹书纪年》记载:"周孝王七年(公元前885年)冬大雨雹,牛马死,江、汉俱冻。"现在江汉流域在一般年份是不封冻的,这就说明当时中国长江中游一带的气候比现在寒冷。《诗经·豳风·七月》有这样的描述:"七月流火,九月授衣。一之日觱发,二之日栗烈。无衣无褐,何以卒岁。"这几句诗的大意是:"七月要留心观察大火星,九月天气转凉缝衣服。或许某天发布闭塞令,或许某日出现寒风凛冽,既无棉衣又无粗布衣,怎么度过寒冷的岁末?"人们日常生活所反映的情况说明,当时气候的改变是巨大的,人们对冬天的来临似乎充满畏惧,寒冷的天气令人难以适应。

从公元前850年开始,中原一带的气候回暖,一直到秦汉时期,时间长达800多年。《春秋》有多处记载温暖的气候,如"(鲁国)春正月无冰""春二月无冰""春无冰"等。在这个时期的文献中发现有大象的记载,不过,野象群已经不在黄河流域,而迁移到秦岭以南的淮河下游地区了。《诗经·鲁颂》有一篇《泮水》的诗云:"憬彼淮夷,来献其琛。元龟象齿,大赂南金。"有人认为"元龟象齿"是"淮夷"(今淮河下游地区)民族向鲁国君献出的宝物。

《国语·楚语上》记载:"(楚国)巴浦之犀、犛、兕、象,其可尽乎。"意思是说,我们楚国,有各种大型野生动物,如犀(犀牛)、犛、兕(古代指状似犀牛的异兽)、象等,应有尽有。《左传·定公四年》记载,吴军追击楚昭王,楚国被逼急了,于是"王使执燧象以奔吴师",意思是在大象尾巴上绑芦苇之类的植物再点火,让惊慌的象群冲向吴军。这可以表明楚国饲养了不少大象,在逃难时也带着一批。

从公元初年开始,中原的气候又变得寒冷,大约持续了600年

（东汉到南北朝）。600年开始气候回暖,时间长达400多年。根据隋唐时期的历史资料,650年、678年、689年的冬季,长安城一带无冰、无雪。这个时期有不少野象群的记载,不过,野象已迁移到长江下游地区(约北纬30°)。五代后唐长兴二年(931年)有记载:"秋七月,象入信安(今浙江衢县)境,王命兵士取之,圈而育焉。"据《吴越备史·补遗·武肃王下》记载:"北宋建隆三年(962年)有象至黄陂县,匿林中,食民苗稼。又至安(今湖北安陆)、复(今湖北天门)、襄(今湖北襄阳)、唐(今河南唐河)州,践民田。"《宋书·五行志》记载:"北宋乾德二年(964年)五月有象至澧阳安乡等县(今湖南),又有象涉江入华容县,直过阛阓门。又有象至澧州澧阳县北城。"

两宋之交时期气候又变得寒冷,持续了200年,这个时期已见不到长江流域有野象活动的记载,此时的大象已经迁移到了岭南。南宋乾道七年(1171年)有记载:"潮州(今广东)野象数百食稼,农设穽田间,象不得食,率其群围行道车马,敛谷食之,乃去。"(《宋史·五行志》)。朱熹在南宋绍熙三年(1192年)写的《劝农文》中说:"本州(今福建龙岩)管内荒田颇多,盖缘官司有俵寄之扰,象兽有踏食之患。"

第四个温暖期仅历时100年(公元1200—1300年),回暖程度不及前三个温暖期。象群栖息的北界已移至南岭以南,即南移到北纬23°左右,并有由东向西逐步转移的趋势。

到14世纪,广东雷州半岛至广西南部一带仍有野象分布。如明洪武十八年(1385年),"十万山象出害稼,命南通侯率兵二万驱捕,立驯象卫于郡"。明洪武二十二年(1389年)据《大明太祖高皇帝实录》记载:"广东雷州卫进象一百三十二。"从1400年到1900年,又是一个长达500年的寒冷时期。这个时期有关野象的记载很少。野象分布在广东与广西之间的大山里,后来广东、广西也难觅野象的踪迹。19世纪30年代以后,中国野象的分布仅限于云南省西南部的西双版纳等地了。

从以上历史资料可以看出,4000年来中国气候是冷暖交替、总体趋冷的走势,各个时期野象群南迁的情况能突出反映这个变化。之所以要特别指出野象群迁移的时空路径,是因为野象是喜欢温热气候的大型动物,几乎没有天敌。野象群迁移的最大诱因就是气候环境的变化,气候变冷使它们无法适应,难以生存。

5.2.2 农作物的变化

在古代农业社会里,生产技术和生产方式改进缓慢,气候成为农业生产能否丰收的决定性因素,即所谓的"望天收"。气候变化首先会直接影响农作物的生长期和产量。此外,年平均温度的高低和年平均降水量的多少,对冷害、水旱灾和农业病虫害的发生频率及烈度也有决定性的影响。气候变化对农业生产的影响,在高纬度地区表现最为明显,对低纬度地区的影响相对较小。因此,气候变化对农业生产的影响,在农作物生长期较短的中国北方地区更为显著。

中国历史上的第一个温暖期,也是五帝、夏、商和西周时期,是中华民族的文明奠基期。在山东历城县发掘的龙山文化遗迹中找到一块碳化竹节,有些陶器外表也似竹节。这说明在新石器时代晚期,竹类分布在黄河流域,绵延到东部沿海。许多中国汉字用会意、象形来表示。在周朝初年的文献中,衣帽、器皿、书籍、家具和乐器等名称都以"竹"为头,表示这些东西最初都是用竹子做成的,可见周初黄河流域竹类广泛生长。竹子是亚热带植物,黄河流域盛产竹子,表明当时的气候与亚热带相差不远。从仰韶文化到商朝晚期,黄河下游和长江下游各地正月的平均气温较今高3—5℃,年平均温度约高2℃,属于亚热带气候。这一时期,农业得到发展,并已成为具有决定意义的生产方式,国家诞生并逐渐发展,中华文明在黄河流域兴起。

公元前1100—公元前850年，气温开始下降，农作物受损严重，周朝的经济开始凋敝，国力衰退。《诗经》可证实这点，相传《诗经·豳风》是周初成王时代的作品。豳的地点约在西安附近，《豳风》中有这样的诗句："八月剥枣，十月获稻。为此春酒，以介眉寿……二之日凿冰冲冲，三之日纳于凌阴。四之日其蚤，献羔祭韭。"而《豳风》中的八月等于公历的9月。

公元前771年至公元元年，是中国历史的第二个温暖期。据《左传》《诗经》等古籍记载，那时山东冬季经常无冰，齐鲁地区小麦可一年两熟。像竹子和梅树这样的亚热带植物，在《左传》和《诗经》中也多有记载。后又有《史记》记载："蜀汉江陵千树橘……陈夏千田漆，齐鲁千亩麻，渭川千亩竹。"这些也都是亚热带植物。

公元前476—公元前100年，从战国初期一直到西汉，挪威雪线显示世界气温迅速下降。战国时期的《周礼·考工记》记载："淮南为橘，淮北为枳。"等到西汉，《淮南子·原道训》则记载："江南为橘，江北为枳。"长江与淮河相隔一两百千米，说明西汉时期的气候较战国偏冷，由此造成了植物带的南移。

从公元元年至600年，气候又变得寒冷，年平均温度较今低1℃左右。这也是中国历史上的第二次大分裂期。"王莽天凤三年（16年），二月乙酉，地震，大雨雪，关东尤甚，深者一丈，竹柏或枯；王莽天凤四年（17年）八月，大寒，百官人马有冻死者。"这种寒冷气候持续到3世纪后半叶，在公元280—290年的10年间达到极点，北朝贾思勰撰写的《齐民要术》中记载了当时石榴的栽培方法，"十月中以蒲藁而缠之，不裹则冻死也，二月初乃解放"。

公元600—1000年，是中国历史上的第三个温暖期。唐朝前期，黄河流域的农业文明再度兴盛，农业生产迅速恢复，水稻在这一地区又重新得到广泛种植。唐开元十九年（731年），扬州首次出现双季稻的记载,其粒与常稻无异,其他一些亚热带植物也比较普遍。因气候暖湿,农业带明显向北推进,农业耕作区扩大,能够利用的土地绝对面积增加。同时农作物品种多样化,农作物的生长期及复种指数等都得到不同程度的增长和提高,这使土地的单位面积产量大幅度上升。农作物总产量提高,国家经济力量强盛,物质文明发达。

唐朝的长安,数冬无冰雪,可种梅花与柑橘,果实味道与四川的无异。从史料来看,当时小麦、谷子的收获时间均晚于现代,蜡梅、柑橘等植物分布都比现代偏北。史书记载,在唐玄宗李隆基在位时,妃子江采萍因其居所种满梅花,所以被称为梅妃。9世纪初期,长安南郊的曲江池还种有梅花。与此同时,柑橘也种植于长安,诗人杜甫在《病橘》诗中提到李隆基种橘于蓬莱殿。当时关中地区有梅和柑橘种植,表明气候比较温暖。唐朝以后,华北地区就没有梅树生长了。

公元801—960年,气候转寒,豫南地区在唐贞元十八年(802年)"冬十月频雪",唐元和八年(813年)"东都大寒"。北宋初撤销了唐朝在河南博爱地区设置的司竹监,此事与五代时气温下降,竹林规模缩小有关系。北宋雍熙二年(985年)以后,气候又急遽转寒,江淮一带漫天冰雪的奇寒景象再度出现。长安、洛阳一带种植的柑橘等果树全部冻死,而淮河流域、长江下游和太湖皆结冰,可通车马。

在11世纪初期,华北已没有梅树,情况与现代相似,梅树只能在西安和洛阳的皇家花园或富家的私人培养园中生存。北宋诗人苏轼在他的诗中哀叹梅在关中消失,有"关中幸无梅,汝强充鼎和"之句。同时代的王安石嘲笑北方人常误认梅为杏,他的咏红梅诗有"北人初未识,浑作杏花看"之句。从这种物候中就可以看出北宋时气候已经变冷。在12世纪初期,中国气候加速转冷。1110年和1178年,福州(北纬26°左右)的荔枝全部冻死,表明当时的气候比现在还要寒冷。

在 12 世纪以后的 800 年间,中国的气候表现为冷暖交替,出现过一些短暂的温暖时期,但总体以寒冷期为主。公元 1200—1300 年是一个比较温暖的时期,西安和博爱在元初已重新设立司竹监管理竹子生产。明清两朝的几百年因气温很低,在气候学上被称为明清小冰期。根据江苏丹阳人郭天锡的日记,他 1309 年正月初乘船回家,途中因运河结冰,只好离船上岸。1329 年和 1353 年太湖结冰,厚数尺,橘尽冻死。可见 14 世纪比 13 世纪和现在都冷。

16 世纪中后期应该是玉米、甘薯、马铃薯传入中国的时期,这些耐寒、耐旱、耐瘠作物的推广以及当时对稻米种植的调整,有助于提高粮食产量。明朝整体的粮食产量要高于宋元时期,耕作技术的改进,新品种的引进和推广,明朝早中期相对适宜的气候都对提高粮食产量起到了很大作用。但是粮食亩产变化幅度巨大,荒年很多,导致明朝成为中国历史上饥荒程度最严重的朝代之一。特别是在公元 1629—1643 年,竟发生了连续 14 年、赤地千里的严重干旱。长江以北大部分地区禾草俱枯,川涸井竭,蝗虫遮天,百姓卖儿鬻女,最后人相争食。各地农民揭竿而起,东北女真族贵族建立的后金政权也趁机南下,最终导致明清易代。清初继续明末的寒冷,江西的橘园和柑园在 1654 年和 1676 年的两次寒潮中被完全毁灭了。

5.2.3 江河湖泊的衰竭

所谓气候,不只是气温的变化,还有降水量的变化等。气温、降水量是最基本的两个气候指标,学者们却容易忽略降水量的情况。事实上,以中原地区为中心的中国,几千年来不仅年平均气温不断下降,年平均降水量也不断减少,江河水位不断下降,湖泊逐渐干涸消失。与暖期和冷期交替出现相对应的是年平均降水量的变化。暖期的年平均降水量比较大,洪涝灾害比较多;冷期的年平均降水量比较小,洪涝灾害比较少。

（1）西安城的水源变化

西安古称长安（北纬 34°左右），是西周、西汉、隋、唐等 13 个王朝的古都,都城历史达 1100 多年。为什么西安能长时间被帝王们看中作为都城呢? 历史文献记录的关中盆地水源十分丰富,域内河流众多,湖泊沼泽密布,西安一带河渠纵横。据《西安府志》卷五记载:"长安之地,潏、滈经其南,泾、渭遶其后,灞、浐界其左,沣、潦合其右。"简言之,古时候的长安,四面环水,是一个水网密布、土地肥沃的鱼米之乡。

西周时期,长安地区有丰、镐二京,两个都城隔沣河相望。据说周文王建丰京于河西,周武王建镐京于河东。其时河西的京城有一个灵沼,是皇家园林"灵囿"内的大型池沼;在河东的京城近郊有一个很大的滮池。到秦孝公时期（公元前 361—公元前 338 年在位）,秦国都城东迁至咸阳,咸阳城横跨渭河两岸。在渭河北岸有一个大型建筑群,秦国人从渭河筑坝引水入人工湖,叫兰池,以兰池为中心构筑的宫殿群和园林,叫兰池宫。为什么秦都城不选丰、镐二京旧址,而北移至渭河? 除了政治因素外,很可能是水源的问题,因为咸阳一带的海拔比丰、镐等地低一些。

西汉时期,都城选址也不在咸阳旧址,而是移到今西安城西北方。西汉长安城北傍渭河,西依沆水（今潏河）。因为西汉长安城一带的海拔相对咸阳城又低了一些,看来水源问题还是影响都城选址的重要因素之一。

但到汉武帝时期,长安城水源已显不足了。于是汉元狩四年（公元前 119 年）,汉武帝在长安城西南修凿昆明池。引滈水入昆明池,作为京城蓄水、供水及训练水军之用,沿渠有 23 处湖泊水面。不难想象,随着社会稳定,都城人口增加,水资源不断减少的情况已经引起人们的关注,汉朝人已有缺水的危机感。

到隋唐时代,都城选址继续往低海拔地区迁移。隋唐的长安城,东近浐水,南望滈滈。虽然海拔较低,但水源依然不足,当局只好开凿引水渠。唐朝长安城的著名人工渠有龙首渠、永安渠、清明渠和黄渠。龙首渠用于解决东城及内苑的用水;永安渠自南向北,穿城而过,流入渭水;清明渠从城南入宫城,注入南海池、西海池和北海池,给皇城、宫城供水。古文献中有"八水环绕长安"之说,城内渠道纵横,形成多处风景区,可稽考的池沼有57处,以曲江池、兴庆池、太液池、昆明池和定昆池最为著名。我们从几朝都城水系变化的情况可以看出,关中地区的水资源不断减少,河流水位不断下降。

到了宋元时期,当地水源不足的情况更加严重。这可能是长安城被君王们弃置的重要原因之一,若是鱼米之乡,没有理由弃之不要。

到了明朝,由于军事的需要,西安成为西北地区最大的中心城市。于是重修引入浐水的龙首渠,又开凿引入滈滈的通济渠,分别从东西两侧引水入城,解决城区生产、生活用水问题。

到了清朝,关中地区的水资源更少,地表水位大幅下降,河水不能饮用,饮用水由渠水转为井水。清朝西安城区的地下水质以东西大街为界,南甜北咸,仅城西南角的地下水质较好。现在连地下水也快要枯竭了。

近年有人在渭河流域考古,发现一个古渡口(据说是秦汉时期的古迹),渡口距离今天的渭河2千米远。这个古渡口引起各种猜测,有人认为是地质原因造成渭河改道。实际上如果通过谷歌地球海拔高度观测,就会发现两千多年来,渭河并没有改道,也不曾发生地质碰撞的河道改变,而是关中盆地一带的河流水位大幅下降了。

(2)赤壁不见长江

湖北有文武赤壁之说,文赤壁位于黄州,因北宋诗人苏轼在此吟诵了千古绝唱《念奴娇·赤壁怀古》,留下"乱石穿空,惊涛拍岸,卷起千堆雪"的名句而著名；武赤壁位于赤壁市（原蒲圻县），是三国时期著名的赤壁大战的遗址。赤壁大战时的长江江面可能宽达6千米；但到北宋时期，那段长江江面宽可能只有3千米了；而今，江面的宽度不到1千米。1500年来，这一带的长江水位下降了约5米。在今湖北省黄冈市境内，苏轼当年游览的赤壁旧址（文赤壁），别说"惊涛拍岸"的景象，就连长江水都看不到了。长江水面已退在数千米以外，无数现代建筑修建在原来的古河道上。

图5.8中红色圆点所示的位置是赤壁大战时南北两岸的古战场

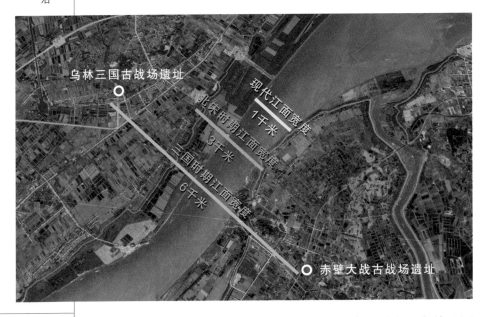

■ 图5.8
长江江面宽度历史变化
比较：赤壁大战古战场
遗址已远离长江水岸

遗址。南岸的端点为赤壁大战古战场遗址，北岸的端点是乌林三国古战场遗址。曹操军队先在南岸赤壁被周瑜击败，然后退往江北乌林，又遭追击。根据张修桂《长江城陵矶—湖口河段历史演变》和《赤壁古战场历史地理研究》两文的测算，北岸乌林到南岸约5千米，用现在地图实际测算则约有6千米。

（3）楼兰古国的消失

中国历史上有一个楼兰古国（今新疆若羌县北部，北纬40°左右），在其东南方有一个大型的湖泊（今罗布泊）。原来这一地区水源非常丰富,河流众多。西汉司马迁在《史记》中记载:"楼兰,姑师邑有城郭,临盐泽(可能指罗布泊)。"所谓盐泽,可能原来的水域很大,后来因水源减少,湖水盐分很高。

据说在西汉时,楼兰古城约有人口 1.4 万,商旅云集,有整齐的街道,雄壮的佛寺、宝塔。不难想象,那里应该是一个水资源十分丰富、草木茂盛、适合人居住的好地方。到了唐朝,楼兰依然是边陲重镇,唐朝军队和吐蕃军队曾在楼兰一带多次交战。王昌龄有诗《从军行七首》:"青海长云暗雪山,孤城遥望玉门关。黄沙百战穿金甲,不破楼兰终不还。"

然而,不知在什么年代,这个繁荣的城镇忽然神秘地消失了,人们大惑不解,留下很多谜团。细读有关历史著作后你会发现,其实楼兰古城的消失一点都不奇怪,完全是因为自然气候和环境变化不适合人居住了。据史料记载,远古时候,罗布泊一带水源十分丰富,由于汇聚塔里木盆地和疏勒河的水源,形成了一个浩渺的大湖。楼兰就在大湖的北边,得到众多河流的滋养,因而成为一个人口众多的国家。

3 世纪之后,楼兰一带的气候变得十分干燥,降雨越来越少,水

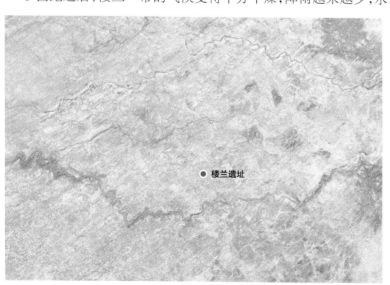

● 楼兰遗址

■ 图 5.9
谷歌地图下的楼兰古城:今日之地貌如火星表面,但多条干涸的河流依稀可见

源逐渐枯竭,土地沙漠化,这可以从王昌龄对楼兰到处是黄沙的描述中得到印证。此后,当地的干旱和沙化程度有增无减,不断加剧,最后水源枯竭,楼兰成为一个死城,一切繁华消失殆尽。

从以上历史考证可以得出初步的结论:4000 年来中国核心地区(黄河、长江中下游地区,甚至大西北地区)的气候都在不断变寒冷,变干旱,这似乎是个不可逆转的大趋势。

5.3　胡焕庸线的形成：人口分布、经济重心的演变

　　1935年,中国地理学家胡焕庸在中国地图上画了一条直线,这条线从黑龙江瑷珲(今黑河)一直到云南腾冲,大致为倾斜45°的直线。线的东南方36%的国土居住着96%的人口,其以平原、水网、丘陵、喀斯特和丹霞地貌为主要地理结构,自古以农耕为经济基础;线的西北方人口密度极低,是草原、沙漠和雪域高原的世界,自古是游牧民族的天下。这条线划分出两个迥然不同的自然和人文地域,其形成显然与气候有关。

■ 图5.10
胡焕庸线

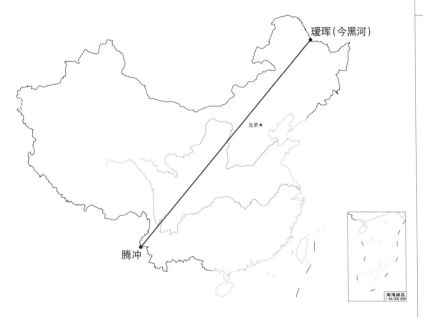

5.3.1　中国人口分布与气候的关系

　　自然环境是人类周围各种自然要素的总和,它提供了人类基本的生存空间,是人们创造一切生产和生活资料的源泉,无论什么时候,人类的生存和发展都离不开这个自然基础。在古代,生产力水平还很低,人们不得不依赖自然界提供的天然食物和其他生活资料为生,人口分布受自然环境的影响极大。中国的禄丰古猿、开远古

猿和元谋人的化石都发现于南方,这不是偶然的,显然是由于南方的热带和亚热带地区比北方更易于谋生,那里的天然食物较多,又没有寒冷的威胁。只有当人们掌握了火以及狩猎、捕鱼技术后,才有可能向更广阔的地区迁移,蓝田人、山顶洞人等就是这一时期的代表。

随着生产力的发展,人类增强了适应自然、改造自然的能力,但自然环境仍然是生产和生活的基础。自然环境的地区差异直接影响着各地区的经济发展,进而影响到人口的分布。1万年前,中国出现了最初的农业以后,黄河中下游的平原低丘地带逐渐发展成为人口最集中的地区,这与当地温暖半湿润的气候,疏松肥沃的土壤,平坦且排水通畅的地形,有利于黍、稷等旱作物生长的优越自然条件显然是密不可分的。一般说来,只要有可能,人们总会选择那些气候良好、水源可靠、土地平坦肥沃的地方作为自己的居留地,在这里,用同样的劳动和资本,可以创造出更多的财富,人口也容易增加。在那些自然条件相对恶劣的地区,人们纵然能够生存下来,但生产力的发展必然要受到限制,这对农业生产的影响尤其显著,人口也难以增加。中国有一些少数民族长期生活在相对恶劣的自然环境中,最典型的就是藏族,他们世世代代居住在海拔4000米左右的"世界屋脊"上,那里气候干燥寒冷、空气稀薄,许多地方直到现在仍无法开发利用。藏族同胞虽然形成了对高原环境的独特适应性,但自然条件的种种限制对生产力发展带来了许多不利影响,其人口数量在几个世纪中也一直处于停滞甚至萎缩状态,原因虽然是多方面的,但与自然环境不无关系。相反,中国东部、南部的广大地区,以温带和亚热带季风气候为主,水热资源丰富,土层深厚肥沃,农民利用这种有利的自然条件,广泛种植了稻、黍、麦、菽、稷、粟、麻、桑、瓜、果等多种农作物,耕地面积及农业生产水平长期居于世界前列。这些地区很早就发展成为人口稠密区,直到今天亦方兴未艾。

整个自然环境中影响人口分布的因素很多，且彼此联系。中国人口绝大部分都集中在比较低平的平原和丘陵地带，人口密度随着海拔高度的上升而迅速下降的趋势非常明显。其基本原因就在于，气温和气压随高度的上升而降低，它直接制约着人体的生理机能。对某些人来说，在海拔1800米高度即可出现高原反应，超过4000米就可能因气压过低而死亡。一般情况下，山地和高原上的气候与同一地带的平原相比，都具有寒冷、风大的特点，海拔每升高100米，平均气温要降低0.5—0.6℃。每种植物都有其生长的下限温度，当温度高于下限温度时，它才能生长发育。生物体为了完成某一发育阶段所需的总热量，称作"有效积温"。植物在整个发育期内的有效积温总和，随着海拔高度增大逐渐减少，生长期越来越短。在中国北方地区，每升高100米，大于等于10℃的有效积温总和减少150—200℃，生长期持续时间减少3—6天。再加上土层瘠薄、交通困难，不仅农业生产深受限制，对其他经济活动不利的因素也较多。海拔高度和地形起伏越大，坡度越陡，这种不利因素也就越明显。因此山地和高原的人口都不如平原地区稠密，这一点在中国绝大多数地区是普遍现象。

海拔高度对人口分布的影响还应同纬度结合起来分析。在一般情况下，纬度越高，雪线的分布高度就越低，人口在垂直方向上的分布也就越受限制。在中国西部地区，喜马拉雅山脉的纬度最低，它的雪线的最低高度为5800米，因此人口居住分布区最高可以达到5800米。而昆仑山脉北坡的雪线的最低高度是4800米，天山山脉是3800米，阿尔泰山脉降至3200米，人口分布的最大高度比喜马拉雅山降低了许多。

由于地理条件不同，各个地区人口垂直分布的特点可谓同中有异、各具特色，并不是简单的人口随高度上升而减少的关系。在新疆的阿尔泰山南坡，人口主要分布在海拔1000米以下的山前冲积平原、冲积—洪积扇中部和河谷平原。这里水源丰富，土质良好，气温较高，是农田和草场的主要分布区，人口占整个垂直带的80%以上。人口分布的"低谷"位于海拔1000—1500米的河流出山口和冲积扇上部。河水流经此地，绝大部分下渗为地下水，地表无土层覆盖，无法从事农牧业活动，因此人口极少，只占整个垂直带的不到4%。在海拔1500—2400米，森林茂密，草场开阔，人口占15%，明显超过前一"低谷"。

天山北坡处于迎风面，降水较多。海拔500米以下为新绿洲人口密集带，人口约占整个垂直带的60%，按耕地计算的人口密度可达250—300人/平方千米。海拔500—1000米为老绿洲人口密集带，人口占30%，在地貌上属于山前冲积扇的中部、中下部和冲积平原的中部，集中了大部分村镇。海拔1000—1250米是山口地带，人口比重不到5%，是人口极少带。1250—2500米是农、牧业人口的季节性游移带，人口占8%。天山南坡处于雨影区，呈荒漠和半荒漠景观，人口垂直分布与北坡截然不同。海拔900—980米为新绿洲人口密集区，人口占10%。海拔980—1500米为老绿洲人口密集区，人口占87%，耕地人口密度可达400人/平方千米。海拔1500—3000米的山区，以游牧人口为主，是人口极少带。

昆仑山北坡气候极端干旱，人口垂直分布很独特。海拔1250米以下为沙漠无人区。海拔1250—1500米范围内，集中了整个垂直带人口的94%，其耕地人口密度达450人/平方千米。海拔1500—3000米之间，人口只占6%。

然而，在中国的热带及其边缘地区，人口垂直分布的模式与其他地区有所差异。某些热带的河谷平原，如云南省南定河和南卡江等，尽管地势低平，但过热过湿，排水不畅，土壤肥力容易分解流失，加上草木繁茂，毒虫猖獗，特别是疟疾对人体健康威胁很大，历史上一直称为"瘴疠之乡"，人口很少，外来的居民尤难适应。新中国成立后,人民的健康状况虽有很大改善,但人口仍然相对稀少。另有些热带河谷平原,如云南省元江中游,地处雨影区,气候干热,属热带稀树草原景观,人口也不多。相反,在区内海拔高度适中的山区和高原上,人口却较为稠密,这里的温度和降水状况对农业生产和人体健康都比较适宜,尤其是高出了蚊子生存的海拔高度上限,从而与河谷地带形成鲜明对比。

5.3.2 气候变迁与中国历代人口分布变化

同人口本身的发展一样,中国人口迁移的历史虽然悠久,但其演变过程也不是直线渐进的,而是呈现出典型的波浪式起伏特征。当社会比较安定时,其波动范围就小,较平稳;当社会因天灾人祸出现动乱时,其波动范围就会陡然增大,增大的程度同动乱的大小几乎完全成正比。气候变迁是影响中国古代人口分布格局和迁移的重要因素之一。

衣食住行是每个人所必需的,所以讨论人口空间分布格局的变化,农业是首先要考虑的因素。在影响农业生产的众多自然因素中,气候因素最突出。中国是农业国家,农业的发展状况很大程度上会影响人口的分布。生存是第一位的,趋利避害是人类的天性。当环境恶化到影响一个人的生存时,这个人就会离开现居地,寻找更适合生存的地方。大量的人口迁移就会引起人口分布格局的改变。如果因为自然环境因素影响了农作物的产量和食物供给,当人们食不果腹时,出于趋利避害的天性,会自发地寻找并迁移到土壤肥沃、降雨充沛、适合农作物生长且适宜居住的地方。

中国历史上,三国、晋朝、唐末、五代、宋朝都有人口大规模减少时期,同时也是气候由暖变寒的时期。由此可见,中国古代人口大规模减少时期与中国古代的寒冷期在时间上是重合的,几次大规模的人口减少与温度的降低有很大关系。

气候变化直接决定了农业的发展,进而直接影响了人类的生存、生产,进一步引发人口迁移,推动了中国古代经济重心的东迁南移。黄河流域最发达的地区最初在关中平原、涑水和汾水平原,后来才东移到中州、齐鲁地区。以唐宋时期为分界,人口由西部逐渐转移到东部,经济发达地区向东迁移。中国古代经济重心的东迁南移与地理环境、人口分布有很大的关系。东南地区临海,深受亚热带季风的影响,夏季温和多雨,冬季温和湿润,十分适宜人类居住,也适合农作物的生长。西北内陆受亚热带季风的影响小,温带大陆性气候使得西北地区降雨少又干燥,年温差大。相比之下东南地区更适合人类生存及生产,随着气候的变化,人口由西北向东南迁移,中国古代经济重心随着人口的迁移,也由西北转移到东南。

（1）秦汉时期

秦汉时期的人口流动方向就与气候的变化有密切关系。秦统一中国之后,气候维持升温趋势。战国时期人口高峰估计在4400万,秦统一六国时人口可能仍然有4000万。战国后期农牧分界线也有西进和北移,秦朝农牧交错带继续向西北方向推进。

秦统一中国后,出于政治和经济上的需要,组织了一系列大规模的人口迁移,其中有一些在中国的人口迁移史上具有先驱性,对

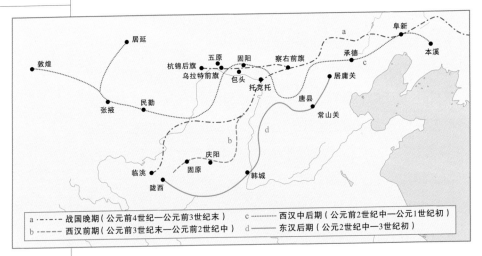

194

以后历代的移民政策影响很大。除政治流放外,移民政策主要分两类:第一类是"实关中",如秦始皇二十六年(公元前221年)"徙天下豪富于咸阳十二万户",目的在于加强统治,把关中发展成为名副其实的国家政治中心;第二类是戍边和开发新区,其中最著名的有北戍五原、云中,南戍五岭,人数均达数十万人,对长城沿线和华南的开发起了重要作用。

汉承秦制,汉朝继续奉行"实关中"和戍边开发的移民政策,尤其是河套地区、河西走廊、青海东部以及新疆中部的大规模屯垦移民,在政治上具有重大意义。汉朝建立以后,气候继续转暖。公元前210—公元前180年,黄河、长江中下游地区的冬半年平均气温较今高约1℃。在自然经济时代,平均气温每升高1℃,农业可以增产10%,这个程度的气温升高对于中原地区的农业生产有利,所以汉朝早期从战乱中恢复很快,到汉武帝初年,人口恢复到3000万以上。

秦汉时期的汉族与游牧的匈奴、鲜卑、乌桓等民族进行了长期

■ 图5.12
北匈奴人活动范围、西迁路径示意图

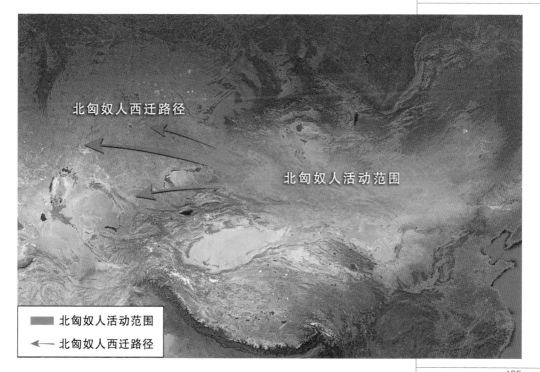

195

的拉锯战,而其中又以汉匈之间的战争为主。为了抵御匈奴入侵,战国时期的中原各诸侯国开始修筑长城,直到秦始皇统一六国后,积极北拓,将原有长城连接并在此基础上进行了进一步修筑。西汉时期一度对匈奴采取怀柔政策,双方有过一段相对和平的时期。到了汉武帝时期,又开始了对匈奴的进攻。自汉武帝大规模抗击匈奴后,匈奴势力日衰。公元48年匈奴分裂,南匈奴逐渐归汉,北匈奴仍据漠北。窦宪大破北匈奴之后,北匈奴整体衰落,黯然踏上了西迁的旅程,而他们在世界历史上引发的连锁反应才刚刚开始。

匈奴于375年首次进入欧洲,之后在"上帝之鞭"——阿提拉的带领下步入了极盛时期。匈奴的出现对于欧洲人来说是一场始料未及的灾难,罗马帝国通过割地赔款获得暂时的和平。匈奴人抢夺哥特人的粮食,引发了日耳曼民族的大迁徙。在这个大动荡期间,饱受蹂躏的西罗马帝国被日耳曼雇佣军颠覆,欧洲也自此开启了中世纪的历史。

西汉末年频繁的气候灾害虽然没有带来大规模的社会动荡,但是很可能给王莽提供了机会。王莽辅政期间在应对气候灾害方面的功绩,为他篡汉积累了政治资本。王莽登基之后,气候灾害依然严重,新朝早期还可以安抚民众,但是持续大灾以及统治问题终于导致大规模起义,新朝迅速灭亡。改朝换代时期的气候灾害以及战乱导致人口急剧减少,使东汉初期全国人口不足2400万。

这次降温也使北方游牧民族地区气候变冷变干,导致牧草枯竭、牲畜死亡,人们生存困难,这有可能是匈奴不得不南下的原因。从新朝开始,利用中原的气候灾害和战乱,匈奴曾多次入侵。寒冷的气候也导致农牧交错带南移,缓解了江南的"暑湿""瘴气"等。北方汉族自发南迁,有大量人口流入江南地区。

东汉建立以后,气候短暂回暖,光武帝刘秀统治时期,社会秩序得以恢复,还出现了"光武中兴"的局面,到公元100年前后人口恢复到 5000 万。而这个时期北方游牧民族地区仍然灾害频繁,内乱严重。匈奴不断受到鲜卑等周边游牧民族的侵袭,加之严重内讧,日渐衰弱的匈奴开始分裂,分裂后的南匈奴部众纷纷南迁定居。

公元 90—125 年气候转湿,雨涝灾害较多,之后仍然持续暖干气候。这个时期气候灾害虽然不严重,但是灾害频次偏多。加上政府无能,导致救灾乏力,政治动荡,人口降至 5000 万以下,东汉政权开始衰落。

（2）东汉晚期与三国时期

东汉中晚期,多见大暑季节而"寒气错时",以及"当温而寒""当暖反寒,春常凄风,夏降霜雹"等异常气候记录。

东汉晚期(公元 180—220 年),年平均气温较今低 0.2℃,自然灾害程度、数量都有增大,农业收成变差,疫病也呈现上升趋势,人口损失惨重。到 220 年,相较东汉早期,人口减少已经超过一半,只剩不足 2400 万。

东汉晚期的降温趋势在三国时期继续,总体上要比现代寒冷。根据竺可桢考证,史书第一次记载的淮河结冰就发生在 225 年。三国早期仍然是干冷气候,不过到了三国后期(公元 240—270 年),气候一定程度转暖,比现代更暖更湿。这期间气候相对温和,对于恢复农业生产有正面作用,三分天下的政治格局也有利于社会稳定,中国南北方的粮食亩产均较东汉晚期有了很大提高,有利于人口恢复。三国鼎立时期,为壮大己方实力,三方均努力招抚流民,发展屯垦,并尽量从境外招收、劫掳人口,包括少数民族,如曹魏把大批匈奴、乌桓人迁至内地。

经过前后近 90 年的人口大迁移,中国长江流域的人口增加,经济也得到进一步的发展。少数民族的迁入,给中华民族注入了新鲜血液,但在当时也不可避免地产生了民族矛盾,为随后的晋朝与南北朝时期更大规模的人口迁移和社会动乱埋下了伏笔。

（3）晋朝与南北朝时期

从全球范围看,3—6世纪是一个寒冷的阶段,导致这个寒冷时段的可能原因是太阳活动以及频繁的火山大爆发。公元320—350年,中国东中部地区冬半年平均气温可能较今低0.5℃。中国再次进入动荡时期,战乱及普遍出现的大灾导致人口数量大幅度下降,人们为躲避战乱和灾害不得不大规模迁移。在短时间内,汉族人口大规模迁离中原地区,迁移目的地有东北、西北以及南方,与此同时,北方游牧民族不断迁移至中原地区。这次大规模人口迁移彻底改变了中国原有的民族与人口分布格局,推动了民族融合和交流,各民族在文化和生活习俗上的差异逐渐缩小。中原汉人先进的农

■图5.13
晋永嘉之乱后的民族迁徙

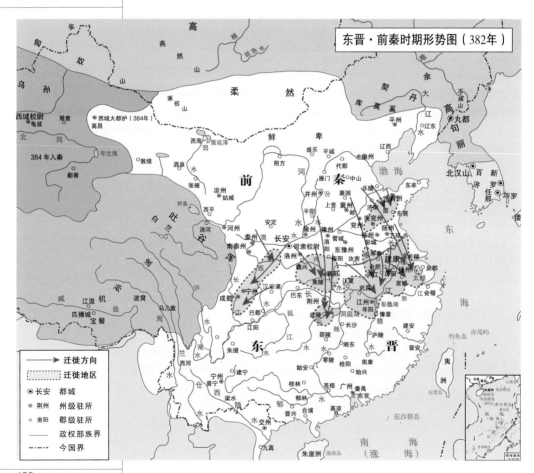

业技术也在这个阶段得到推广,游牧民族的一些畜牧技术也被汉人掌握。

东晋晚期的公元360—400年,气候除了个别年份以外,普遍比现代温暖。这期间北方灾害相对较少,农业恢复,农牧业交错带明显北移,位置与现代相当。几乎统一了中国北方的前秦在这个时期国力大盛。不过在380年前后,前秦境内有较大灾害,很多地方颗粒无收,在此背景下,淝水之战失败后,中国北方迅速陷入了混乱局面。气候转暖持续到440年,在暖期内,北魏政权消灭了众多割据势力,在439年统一中国北方,北方大规模战乱结束。南朝这一时期也进入"元嘉之治"时代,可以支撑刘宋政权发动元嘉北伐。

这之后,中国气候再次转为干冷。公元450—530年,中国东中部地区冬半年平均气温较今低约0.7℃,其中最冷的公元481—510年,冬半年平均气温较今低1.2℃,冬季连续下雪与广泛积冰的情景与明清小冰期相当。这次降温导致北方降水减少,农业歉收,农牧业交错带显著南移,特别是北魏的北疆地区灾害严重。北魏孝文帝迁都洛阳可能与交通不便的平城地区粮食供给逐渐困难有关。

北魏迁都洛阳后,灾害仍然继续。从520年之后,北方连年发生旱灾,北魏在北疆的六镇军民面临生存危机,缺少粮食,赈灾不利最终导致兵变。六镇暴动虽然被镇压,但是尔朱荣、高欢、宇文泰等割据势力趁这个机会崛起,打击了北魏的政治基础,最终导致北魏分裂。

这之后,战乱再次成为中原地区的主题,北方有东西魏的相互征伐,南方有侯景之乱,人口数量继续减少。这是中国历史上又一个大分裂、大破坏的时期,迁入北方的各少数民族在其中扮演了重要角色。在这个动荡时期,黄河流域惨遭蹂躏,促发了一次又一次向南方移民的高潮。仅据官方统计,公元313—450年之间北方南渡的人口达90万,占北方原有人口的七分之一。事实上,由于流离混乱,人口多有隐匿流失而导致数据大大缩小。有人早已指出,"自中原丧乱,民离本域,江左造创,豪族并兼,或客寓流离,民籍不立""时百姓遭难,流离此境,流民多庇大姓以为客"。这说明移民的实际规模远在上述官方统计之上。这时移民的分布仍以长江流域为主,更南的福建两广移民也不少。据记载:"晋永嘉二年(308年),中州板荡,衣冠始入闽者八族,所谓林、黄、陈、郑、詹、丘、何、胡是也。"一波又一波的移民浪潮,为中国经济和人口重心自北向南的历史性转移奠定了基础。

与此同时,气候在逐渐转暖,到南陈时期可能比现代温暖。随着气候变暖,这次长达400年的冷期终于结束,而持续了将近400年的大动荡期也以隋统一中国而告终。

(4)隋唐时期

隋统一中国之后,气温继续变暖,农业生产迅速恢复。隋初气候较干,多次出现大旱灾,但是以这个时候隋朝的国力尚可以应对。596年之后,华北气候逐渐湿润,天时较好,隋也发展到了鼎盛时期,人口超过4000万。不过隋朝的大工程众多,对国力消耗较快,隋炀帝三征高句丽加重了对国力的消耗。这时华北地区再次转入干旱,连年旱灾,灾民遍地,终于导致战乱。这次战乱使北方人口大量流失,导致了隋王朝的灭亡。到唐初的624年,全国人口可能只有1700万。

旱灾在唐初继续。隋唐时期气温最高的20年出现在公元641—660年,冬半年平均气温较今高约1.4℃。这次转暖给华北地区带来的是暖干气候,江淮地区以及江南地区则是偏湿气候。华北地区干旱最为严重的是公元650—680年,这个时期江淮地区也转为干旱,江南地区则持续湿润气候。公元715—755年,华北地区与江淮地区气候湿润,对农业生产有利,"开元之治"就出现在这个时期。不过降雨增多也导致了大的洪涝灾害发生。此时,农牧业交错

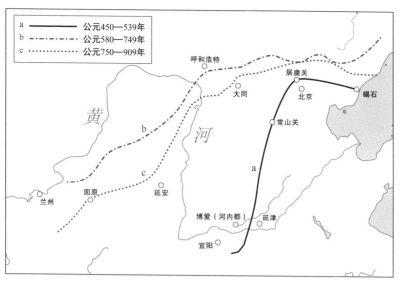

带要比南北朝后期偏北,人口也发展到顶峰,到 752 年,全国人口可能已经接近 6000 万。

唐朝后期,气候开始由温暖转向冷湿,寒冬和雨灾相继到来,有时春秋两季也会出现霜雪冻坏庄稼的现象。冷湿的气候更是给契丹等北方少数民族地区带来了很大的影响,《资治通鉴》记载降雨连绵不绝长达 60 多天。反常的气候对北方游牧民族的威胁巨大,为了生存,他们只有向南推进,对中原农耕民族形成了威胁。唐玄宗重用安禄山等胡人将领的重要原因是压制北方民族,然而没有想到的是安禄山等人的政治野心促使其发动叛乱,使得大唐的繁荣不再。安史之乱期间全国三四成的人口死亡,大量人口迁移,是唐由盛转衰的转折点。干旱也使得游牧民族的生存环境恶化,不得不向农业区迁徙,而战乱时的唐朝无法西顾,逐渐丧失了对西域的控制。

安史之乱后,气温略有回升,但是干旱继续,灾害仍然严重,中原地区汉人进入又一次人口迁移高峰。此时一直较湿润的江南地区逐渐变干,正好适合北方移民的生活,吸引了很多北方人口,中国历史上南方人口超过北方人口,差不多就发生在这个时候。人口大规模南迁后,南方的农业经济开始发展,成为中国农业经济的主体区域,中国经济重心南移。

隋唐在人口迁移上的作为远不如秦汉,原因在于人民在此之前经历了几个世纪的动乱,饱尝流离之苦,安土重迁,人们从心理上对迁移十分反感。此外,秦汉时期的官方移民,包括屯垦戍边,大多未能终善其事,往往利未见而害先行。故隋唐官方组织的人口迁移甚少。直至安史之乱爆发,黄河流域再次沉入血海,这才触发了又一次人口南迁的大潮。据史书记载,"天宝末,安禄山反,天子去蜀,多士南奔,吴为人海""天下衣冠士庶,避地东吴,永嘉南迁,未盛于此"。这次人口南迁大潮的余波,一直持续到五代,至此,中国南方的人口规模第一次达到了同北方平分秋色的地步。

(5)五代与两宋时期

五代中期中原地区气温开始转暖,到北宋时期气候整体比较干旱。北宋是耐旱、生长期短、不择地的占城稻被引进并得到政府大力推广的时代。到北宋中后期占城稻已经在长江中下游地区广泛种植,为保障粮食供应起到了不小的作用。北宋期间人口一直在增加,从初年的 500 万户增加到 2100 万户,加上同时期辽、西夏的人口,有学者认为北宋末年人口约 2340 万户,超过 1 亿人。

12 世纪初,气候急剧转冷,东北的女真族因居住地生态破坏,基本的生产生活得不到保证,遂向南猛烈进攻,先后攻破辽国,灭亡北宋。由金人大规模南侵造成的靖康之乱以及其后 100 多年的宋、金对峙,使中国又遭受了一场巨大的社会动乱,由此产生的人口迁移,其规模之大,持续时间之长,与永嘉之乱和安史之乱不相伯仲,其性质和形式也相似。据记载,"建炎末,士大夫皆避地……衣冠奔踏于道者相继""西北士大夫遭靖康之难,多挈家寓武陵""四方之民云集二浙,百倍常时"。连南方一些偏僻山区也接纳了不少移民,如广西容县"介桂广间,渡江以来,避地留家者众"。北方大批人口的南下,对南方的社会发展起到了很大的促进作用。

宋南迁后,干冷气候促进了生长期短、种植时间上避开夏秋之交旱涝灾害的占城稻的进一步普及,占城稻品种也逐渐本土化,彻底改变了长江流域的水稻品种。占城稻的普及为提高灾害时期的粮食产量起到了很大作用。北宋开始的稻麦二熟制也在南宋初期得到了大力推广,干冷气候也有利于这种耕作方式在江南的普及,江南土地利用率大幅度提升。南方的富足加上北方的战乱,使得南方的人口和经济占整个中国的比重越来越大。南宋时期,人口并没有恢复到北宋末年的水平,宋亡国时也只有1174万户。

（6）元、明时期

13世纪50年代,全球又一次变冷。元后期至明初期(公元1321—1380年),中国东中部地区冬半年平均气温较今低0.5℃,这个变化标志着中国的气候进入小冰期。元朝统治中原的时间比较短,但是这不足100年的时间,记载的灾害年平均次数却超过了其他朝代,灾情也更加严重。公元1260—1368年期间的87年有饥荒记载,其中,大范围饥荒9年,中范围饥荒20年,灾民的安置和救济工作一直是元朝政府面临的大问题。频繁饥荒造成饥民、流民数量众多,民变频发,最终动摇了元朝统治,蒙古人不得不放弃中原。

中国广大的中原地区在从靖康之乱到元末的两个多世纪中屡遭浩劫,至明初已是"中原草莽,人民稀少",与人口高度稠密的江南形成鲜明对照。这种极不平衡的人口分布格局,产生了对人口迁移的现实需求,再加上开疆戍边的需要,明初出现了人口迁移的一个高潮,但其性质与前几次因动乱产生的大移民完全不同。

明朝建立后不久即着手组织人口迁移,如"徙江南民十四万于凤阳""迁山西泽、潞民于河北""徙沙漠遗民屯田北平附近""徙江西农民于云南湖广"等等,故史籍称"太祖时徙民最多"。明初为了巩固边防,在长城一线设立了被称为"九边"的9个镇,在国内其他战略要地也设立了许多驻兵设防的卫,仅明洪武年间(公元1368—1398 年)设卫就达 136 处。为解决边防军的粮饷问题,明初组织了大规模的移民屯垦戍边,"于时,东自辽左,北抵宣大,西至甘肃,南尽滇蜀,极于交趾,中原则大河南北,在兴屯矣"。前往云南屯田的移民有四五十万,规模浩大,在政治、经济上都取得了较好的效果。

（7）清朝与民国时期

清初继续明末的寒冷,不过,与相对干旱的宋、元、明相比,整体上比较湿润。在历史上,中国的东北地区(含内蒙古东部)人口一直不多,清初满人倾族入关后人口更加稀少。清朝统治者视东北为"祖宗肇迹兴王之所",为保护"参山珠河之利",长期对东北实行封禁政策,并在辽宁境内筑起"柳条边",严禁居民越界垦殖;同时又把东北作为流放犯人的场所,这些所谓"流人"对东北的开发起了重要作用;加上违禁前来的农民,东北地区总人口至清朝中期仍有明显增长。

因为整体偏湿,清朝的水灾比较严重,文献中有大量的水灾记载。黄河在清朝多次泛滥,第一次的大泛滥发生在 1662 年,与 1761 年以及 1843 年的大洪水一起成为清朝黄河发生的最大的几次洪灾。进入 19 世纪,黄河下游地区连年遭灾,成千上万灾民不顾禁令,源源流入东北,至 1840 年东北总人口已突破 300 万,比 100 年前猛增了七八倍。这时全国人口已达 4 亿,人口压力使社会矛盾日趋激化,而在国际上,列强步步进逼,尤其是沙皇俄国一直对东北虎视眈眈。在此形势下,清政府于 1860 年在东北局部弛禁放荒,1897 年全部开禁,如此既减轻了关内人口压力,为政府增开了一项财源,又充实了边防。此外,对移民还"酌量给以工本"。所有这些都促成了一股"闯关东"的狂潮,到 1910 年,东北总人口已增至 1800 万以上。

清朝人口增长迅速,虽然有多种鼓励开荒的政策,但是人地矛盾逐渐突出,连边境地区人口也逐渐饱和,外来移民与当地人的矛盾加剧,金田起义就发生在这个背景下。1850年之前,在南方遭受多年灾害、瘟疫的灾民没有得到很好的抚恤赈济,为太平天国运动提供了足够的人员支持,而地方政府镇压无力也导致起义军得以生存并迅速扩大。这时候的清朝政府已经完全无力行使统治职能,加上对灾害毫无作为,终在风雨飘摇中走到了尽头。

民国建立后,"闯关东"的洪流仍然源源不断,"九一八"以前年均移入东北的人口有25万—30万人,大部分来自山东、河北两省,此后移民人数仍很可观。新中国成立前夕,东北总人口已近4000万人,比1910年又翻了一番。纵观中国整个人口迁移史,清末民初向东北的移民强度最大,效果最佳,无论对中国人口地理还是经济地理均产生了巨大而深远的影响。

5.3.3 气候变迁下中国经济重心南移的完成

经济重心,是指生产力较其他地区发达,农业经济较其他地区发达,手工业和商业有一定程度发展的经济区域。经济重心在形成后不是一成不变的,它受生产力、政治、经济、军事等因素的影响,在内力和外力的综合作用下而发生转移。

中国古代第一个经济重心是在黄河流域,这一说法显然已经被很多人认同。秦到南北朝时期,中国古代的经济重心在西北地区,而到了两宋时期,已经由西北逐渐转移到东南。总的来说,中国古代经济重心是由西北地区向东南地区迁移,南移开始于西晋末年,到两宋时基本完成。

中国五千年来的气候虽是冷暖交替出现,但总的趋势是暖湿期越来越短,温暖程度一个比一个低;干冷期则越来越长,寒冷程度也一个比一个强。这种自然生态环境直接影响到不同地域的经济发展水平,基本上决定了中国古代经济重心不可逆转地由黄河流域南迁到长江流域的趋势。

（1）从远古到西晋：经济重心在黄河流域

从公元前 5000 年到公元前 1100 年，也就是从仰韶文化到商朝晚期，是中国五千年来的第一个温暖期。黄河中下游地区为亚热带气候，年平均气温较今高约 2℃。这种暖湿气候为农业生产提供了有利条件，以至商朝畜牧业虽有其古老传统且基础雄厚，但农业已经上升为具有决定意义的国家生产部门，经济发展水平较高。而此时的南方，河湖沼泊太多，水域面积过大，人们的生产技术低；排水困难加上土壤黏性太强，不易耕作。因而黄河流域最先成为中国历史上经济最发达的地区，产生了灿烂的黄河文明。

从公元前 1100 年到公元前 771 年，是继第一个温暖期之后的第一个寒冷期，因正值西周时期，所以也被称为西周寒冷期。周人在灭商前就注重农业生产，建国后的农业发展水平也比商朝有所提高。但一般认为，这主要是地广人稀，农业生产技术提高的结果，至于农业生产工具，则与商朝没有显著区别。

从公元前 771 年到公元元年，也就是从春秋时期到西汉末年，是中国历史上的第二个温暖期。铁制农具的使用与推广，耕作技术的改进与提高，加上温暖湿润的优越自然气候，促进了春秋战国时期经济的发展。特别是战国时期，农业、手工业、商业都获得长足发展，呈现出空前繁荣的景象。而西汉政权也凭借这一有利条件，仅用六七十年的时间，就完成了战后的经济恢复过程，迅速发展为经济强大、实力雄厚的王朝，成就了中国历史上第一个享誉世界的封建文明，而其经济重心，正是在黄河流域。

从远古到西晋，中国经济重心之所以在北方，主要是与北方的黄河流域自然条件较好，中华先民最早开发这一地区和主要王朝的都城都在北方等原因密切相关。三国时期，南方的吴国和西南的蜀国地区虽然开始开发，但其经济基础薄弱，曹魏地区的经济发展仍然超过吴、蜀两国,这正是日后西晋统一全国的基础。

（2）从西晋末年至五代：经济重心逐渐南移

从公元元年开始的长达 600 年的时期,是中国历史上第二个寒冷期。

一方面,北方游牧民族纷纷南下,在中原地区大动干戈,中原人民在寒冷与战火的交相作用下大量南迁,在江南建立了许多郡县,为南方带来了大量掌握先进生产技术的劳动力。

另一方面,寒冷干燥的气候不利于地处中高纬度的北方黄河流域的农业生产,当时黄河流域的年平均气温较今低 2℃左右,此前在这一地区大面积种植的水稻等农作物已经不再具有往日的勃发气象。但这一气候却对低纬度的南方长江流域及其以南地区起到了积极的作用,加快了土地向适于农业耕作的方向转化,在生产技术不高的情况下,增强了土地的自然利用率。这些因素对江南经济开发产生了极大的推动作用,使南方获得了长足发展的大好时机,而黄河流域的文明则遭到极大破坏。

南北朝时期,南朝所在的南方得到进一步开发,南方社会经济发展速度比北方快一些。但衡量一个地区的经济发展水平是否超过其他地区,不能仅看其发展速度。现实经验证明,由于经济发展的起点低,往往是经济落后的国家和地区,在起步阶段经济发展速度会大大超过经济发达的国家和地区。据此,我们不能说此时南方经济发展水平和经济实力已超过北方,而只能说南方此时正处于经济开发阶段,经济发展速度比较快。

从 600 年到 1000 年,是中国历史上的第三个温暖期,一般也称为唐宋温暖期。虽然 8 世纪中期气温已开始下降,但总体上仍处于温暖期。

唐朝前期,黄河流域的农业文明再度兴盛,农业生产迅速恢复,水稻在这一地区又重新得到广泛种植,其他一些亚热带植物也比较常见。因气候暖湿，农业带明显向北推进，农业耕作区扩大，土地能够被利用的绝对面积增加，同时农作物品种的多样化、农作物的生长期及复种指数等都得到不同程度的增长和提高。这使土地的单位面积产量大幅度上升，农业总产量也相应提高，从而使国家经济力量强盛，物质文明发达。必须指出的是，这种发达深得南方经济的支持。《新唐书》明确指出，"唐都长安，而关中号称沃野，然其土地狭，所出不足以给京师、备水旱，故常转漕东南之粟""督江、淮所输以备常数""江、淮田一善熟，则旁资数道，故天下大计，仰于东南"，这是以前所没有的新动向。

唐末五代以来，中原地区饱受战争蹂躏，南方则战火较少，经济生产得到保证。隋唐统一，南北经济得到快速发展，安史之乱前，经济重心还是一直在华北平原，北方经济总的来说在整体上仍占一定优势。安史之乱后，经济重心才开始南移，为了逃避战乱，大量中原地区人口南迁，既给南方带来了先进的技术和生产经验，也增加了南方的劳动力，为南方经济的发展提供了条件。从五代起，南方经济开始逐渐超过北方。

（3）从北宋到南宋：经济重心继续南移并最终完成

从 1000 年到 1200 年的两宋时期，是中国历史上的又一个寒冷期。北方游牧民族活动频繁，特别是 12 世纪初的气候急剧转冷，东北的女真族因居住地生态破坏，遂向南猛烈进攻，先后攻破辽国，灭亡北宋。

战火遍及宋朝除四川、广南和福建以外的各路，对先进的经济和文化造成严重的破坏，以致到 13 世纪中期，黄河以南到长江以北的广阔区域大多人口稀少，经济凋敝，没有恢复到北宋末年的水平，这是以前少数民族政权南进过程中没有出现过的现象。

由于南宋政府推行投降政策，女真金朝与偏安江南的南宋政权长期对峙，占据了以黄河流域为中心的中原地区。他们在那里大规模地掠夺农业耕地,建立牧场,强制推行落后的奴隶制,严重破坏了中原地区较先进的租佃制,使这一地区的农业生产遭到毁灭性破坏,社会发生严重倒退。

在 12 世纪以后的 800 年间,中国的气候虽几次冷暖交替,出现过一些短暂的温暖时期,但总体以寒冷期为主。而直接受到寒冷气候影响的正是处于中高纬度的黄河流域。那里的农业生态环境继续遭到破坏,北方农业区向南迁移,农田单位面积产量明显下降,加上干冷气候使北方游牧民族频繁南下,黄河流域屡受战乱,人民流离失所,生产受到极大破坏。而低纬度的南方,干冷气候对其影响较小,而且这一气候也有利于南方水域面积的减少和沼泽地区土壤的熟化,对该地区的农业生产有利。再加上北方流民劳动力与生产技术的大量涌入,战乱也比北方少,南宋时,南方发展成为中国的经济重心,人口数量和密度、经济发展水平、重要的工商业城市数量等,都以南方占绝对优势。

从北宋到南宋时期是经济重心继续南移并最终完成的重要阶段。北宋时期,南方经济持续发展,到北宋末年,经济重心南移。北宋灭亡,宋室南渡,南宋的开始,标志着经济重心转移到东南地区,中国已稳定地形成了南方领先于北方的经济格局,南方最发达的江浙地区长期成为全国的经济重心。

明清两朝的几百年,在气候学上被称为明清小冰期,气温很低。黄河流域及以北地区的生态环境进一步恶化,土地的沙漠化、荒漠化进一步向南推进。黄河流域所受的旱灾也比其他时期多且重,特别是在公元 1629—1643 年间,竟连续 14 年发生了赤地千里的严重干旱。长江以北大部分地区禾草俱枯,川涸井竭,人民相食,干旱之严重亘古罕见。各地农民揭竿而起,东北女真族贵族建立的后金政权也趁机南下,最终导致明清易代。但干冷气候并没有随着清王朝的建立而结束,由气候引起的黄河流域经济进一步衰退的状况也并没有得到遏制。而南方的经济则得到了进一步发展,有的地区还出现了资本主义生产方式的萌芽,这使中国古代经济重心由北而南转移的进程不可逆转。

5.4 智慧的源泉：气候与思想文化的演变

作为思想文化形成、发展过程中的自然因素，气候从人类伊始至今，乃至人类出现之前，就影响着大环境的方方面面。直至今日，我们生活的很多方面依然深受气候的影响。当然，思想文化的发展是极其复杂的现象，不应当简单地看作气候问题；但是，气候带来的差异不可忽视，何况人类早期对自然界的依赖程度比现在高得多。从这里出发，或许会给研究气候与思想文化的关系一点启示。

5.4.1 气候为宗教的产生奠定了思想基础

气候对人类的影响在最初就显而易见，尽管早期人类直接面对大自然，对大自然有着大量的感性认识，但是由于他们只知其然而不知其所以然，因而在遇到各种自然现象，比如斗转星移、四季冷热、惊雷闪电、干旱洪涝、暴风雷雨的时候，往往不能从自然的角度作出合理的解释。也就是说，他们不知道怎样用自然主义的手段来对付大自然，结果只好求助于超自然的魔力，花费大量的时间去祈求大自然使他们的生活富足。

■ 图 5.15
人面鱼纹彩陶盆

"人面鱼纹彩陶盆"（图5.15）的名称来源于内壁的人面鱼纹彩绘形象，盆高 16 厘米，直径 39.5 厘米。它不是一件盛水或装谷物的生活器皿，而是一种特殊的葬具，是黄河流域新石器文化的典型代表。新石器时代的仰韶文化流行瓮棺葬，埋葬一段时间后，将逝者的骨骸取出，装入瓮、缸、盆等葬具，重新埋葬。作为葬具，我们可能更容易理解古人绘制人面鱼纹的初衷。这种图案有"寓人于鱼"的含义，也许设计这个图案的人希望逝者能够像鱼儿一样自由地融入自然。

《山海经》对上古时期人物的记叙往往是将之神化,人兽鸟合体、人鱼或人蛇连体比比皆是,形象诡秘奇怪。书中将历史人物,如黄帝、炎帝、玄帝、帝喾、尧、舜等赋予神的形象,这是上古时期人类对自然界的一种"物我混同"认知,从而产生了"神"的概念。《山海经》所记载的动物、植物也是千奇百怪,这同样反映了上古时期先民"物我混同"的自然观,是他们将幻想中的动物、植物与自身人体结合的结果。《山海经》中描述的这些神化形象,在黄河流域新石器时代的仰韶文化的考古发掘中大量可见。

上古时期的先民相信,通过把某一种有用的动植物作为本氏族的图腾,通过树立种种偶像和跳起模仿性的舞蹈,可以使各种动植物大量繁衍,使他们的狩猎获得成功,食物丰盛;而且只要严格遵守有关图腾的规定,他们的氏族就能壮大,就能确保食物的来源。那时候人类的生产力极低,尤其是在刀耕火种的年代,人类在气候面前几乎无能为力,能做的只有不断地迁徙;今天还有很多地方的农业是靠天吃饭。人类是从食物采集者(旧石器时代)慢慢地发展到食物生产者(新石器时代)的,如果说在食物采集者这个阶段,气候对人类影响较小的话,那么在新石器时代,如果天公不作美导致庄稼歉收,农民就会面临挨饿的危险,甚至于饿死。

人类告别了旧石器时代,跨入了新石器时代,由食物采集者变为食物生产者,气候对人类发展的影响巨大。农业的出现,是人类定居生活的基础,由此形成生产过程中的集团组织,增强了人类血缘关系的固结。农业对人类来说是生存的根本,人们由牧民慢慢地转变成了农民,而游牧则成了少数种族才有的特征,至少在今天,中国依然以农业为立国之本。气候在影响农业的同时也影响了人类发展的各个方面,当然包含文化这一重要方面。

一切自然现象都使得上古时期的先民感到奇异和恐惧,但是他们不能从自然的角度给出合理的解释。为了能在这个"迷惑"的环境里生存下去，他们在"无可奈何"的情况下只好求助于超自然的魔力。他们花费大量时间和精力来向神祈求，与其说是在敬畏自己心中的神，不如说是在安慰自己。万物有灵是自然的人格化，自然的人格化造就了最初的诸神，于是一个世界变成了两个世界——人的世界和神的世界。人们在每次重大活动时都会向与之相关的神灵祈福，求得平安。而这类古老的仪式和各种传说在没有文字记载的情况下，只能用口口相传的办法延续，慢慢变成只有一部分人才知晓的知识，于是这些人成了固定的专职人员。这部分分离出来的专门从事祭祀的人在掌握了别人所不知道的仪式知识后，开始变得与众不同起来。如果说最初这些人还参加集体劳动的话，那么在农业发展到一定程度后，有了剩余的生活资料来供养他们，这些神职人员就从集体劳动和社会生活中分离出来了。

在当时生产力极低的情况下，对神灵的依赖只有通过神职人员和神沟通，以求丰收。他们也就掌握了部族或个体命运的权柄，在各种复杂心理和社会环境的作用下，仪式简单、目的明了的祭祀变成了仪式隆重、目的多样的巫术，神职人员也就成了巫师，后来演变成了寺院中的祭司。他们是最早不必从事生产劳动的人，应该是最早的贵族。后来的祭司在原来传统职务的基础上不断增加社会管理的各种职责，这些职责对一个日益复杂的社会来说是必不可少的。

人类面对气候时也不是一味地恐惧，他们也想征服那些无法解释的气候现象，这表现在咒术上。咒术和原始宗教是不可分离的，因为咒术是原始宗教的表现形式。咒术是原始人类对征服自然的一种渴望，他们希望征服自然，而又无力征服自然，于是企图借助咒术以实现其幻想。如猎取飞禽，就希望用咒术让自己生出羽翼；吃鹿脚，是希望自己会和鹿跑得同样快。原始宗教是人类无力征服自然的一种表现，也是生存于严酷的现实生活中的慰藉。后来随着人们"见识"的不断增加,对一些自然现象作出了解释,但是最有权势的祭司已经开始统治他们了。以至于后来的统治阶级为了达到统治目的,不得不费尽心思地维护人们心中神的完美形象,甚至想出一些神秘的、下层人民还不知道的新事物让人们去"信仰"。经过漫长的发展,宗教很大程度上不是因为惧怕,而转变成了人们心理上的一种依赖,成为人支配人的一个最有力的工具。

5.4.2　小冰期的文化繁荣

从 15 世纪初开始,全球气候进入一个寒冷时期,通称为"小冰期"。

（1）寒冷变局影响全球

小冰期不期而至,逐渐带来了全球性的影响,世界陷入大震荡。

中世纪暖期促进了西北欧的发展,小冰期的严寒又把这个区域打回了地狱。在糟糕的气候下,土地的生产力下降。夏季缩短,植物生长期也变短,重临欧洲的 5 月霜冻能毁掉一整年的收成。由于北方的严寒,气团交换更加频繁,风暴也因此频发。洪水冲走稀薄的土壤,削弱了土地的肥力,一些相对贫瘠的土地沦为荒地,而欧洲的森林覆盖率戏剧性地走高。英格兰一度繁荣的葡萄种植业走到尽头,法国的许多村落也被废弃,阿尔卑斯山的冰川扩张到山间的峡谷,占领了牧场的草地。

农业产出下降,人们对资源的争夺也更加凶猛。饥民的暴乱时有发生,贵族向国王抱怨着不满,国王恨不得霸占教会的钱袋。战争是消灭人口和转移矛盾的最有效途径。寒冷的气候中,英王对北方的苏格兰失去兴趣,转而扩大自己在大陆上的领地,英国与法国因此断断续续争斗了 100 年。寒冷气候下,神圣罗马帝国的南北发展差异变大,北方的经济陷入停滞,日渐衰落,南方气候温暖而商业繁荣。神圣罗马帝国的皇帝想要获得南方(意大利)的财富,因而与盘踞罗马的教皇冲突不断。

寒冷气候给欧洲的封建体系带来巨大的挑战。小贵族们的农业收入大不如前,而普通农民一不小心就会陷入赤贫。贫民不能指望城镇,因为那里同样在衰败,他们唯一的活路就是成为雇佣兵。英王亨利五世就雇佣了一批会射箭的农民,把法国的骑士打得惨败。随着雇佣兵加入战争,骑士对武力的垄断结束了,骑士所追求的荣耀成为过去式。对于雇佣兵来说,求生是唯一目的,屠杀和劫掠在战争中越来越频繁。骑士被战争淘汰,但也无法躲在城堡里独善其身。在社会动荡中,小贵族根本无力自保,只有做大做强才有生存下去的可能。在激烈的兼并中,贵族阶层式微,大国的王室成为最终的胜者。

从 15 世纪以来,人们一直盼望着温暖能回归,可真正等到的却是寒冬的高潮。太阳和火山带来了 17 世纪的严寒。这个世纪的太阳黑子数目稀少,一些年份则完全没有太阳黑子发生,稀少的黑子意味着太阳进入平静期。在平静期,太阳发出的辐射量减少,这个发生在 17 世纪的"蒙德极小期",是有黑子记录以来太阳最沉寂的时期。除了"冰冷"的太阳,火山也来制造麻烦。公元 1638—1644 年,全球就至少有 12 次火山爆发。整个 17 世纪,能影响到气候的火山大爆发多达 6 次,是从 1400 年以来火山爆发最猛烈的一个世纪。火山喷出的灰尘和硫化物悬浮在高空中,遮蔽了阳光。低温中,泰晤士河完全冰封,就连南方的威尼斯也出现浮冰。

小冰期的严寒不只影响了西方,在东亚,小冰期的低温影响到了这里的季风农业。低温环境下,季风运往亚洲内陆的水汽不足,而黄土高原上的农民就指望着这点水汽。寒冷和干旱同时降临中国,在各地制造饥荒。当西方的三十年战争开打时,明朝皇帝正接连收到各省上奏,要求中央赈济饥民。饥荒进一步发展为瘟疫和内乱。山东的白莲教起义声势浩大,一度切断了大运河,导致京城的粮食短缺。崇祯皇帝同时应对外敌内乱,苦不堪言,到了 1644 年,北京接连落入起义军和清军之手,千疮百孔的大明朝就此覆灭。

在小冰期的挑战面前,人们只能调整自己的生存方式,适应着环境的变化。

随着小冰期的到来,从来不会被寒冷和风暴打败的维京人离开了他们在格陵兰岛的殖民地。格陵兰岛被废弃,更多是出于经济原因。作为北大西洋渔场的中转地,格陵兰岛的维京人曾把大批的鳕鱼送往欧洲。但鳕鱼只能在 2—13℃的水温中生存,一旦水温低于 2℃,它们的肾脏就会遇到问题。小冰期降低了北大西洋的水温,鳕鱼群因此南移,直到 1933 年才重新出现在 72° 纬度线以北。而此时,维京人的格陵兰岛殖民地早已只剩废墟。

在小冰期,欧洲人不能再像中世纪暖期那样靠毁林来增加耕种面积。幸运的是,他们及时发现了美洲。为了躲避欧洲的天灾和战祸,欧洲人开始向美洲迁移。早期的移民并非一场浪漫的旅行,殖民者除了需要越过凶险的大西洋,还要努力应对物资匮乏的殖民地生活。但美洲殖民地有足够的土地和和平的氛围,胜过在欧洲大陆上生死挣扎。在异常寒冷的 17 世纪,美洲殖民地反而迎来了它的大发展。1620 年的"五月花"号把 102 名乘客艰难地送到北美,开启了北美移民时代。而到了 17 世纪末期,北美东海岸的多个殖民地已经初具规模,成为后来美国的雏形。

中国的经济也在自北向南转移。在降水充分的前提下,黄土高原是适于耕作的沃土,无论是两汉,还是隋唐,都以北方为经济重心。但随着明清小冰期的寒冷和干旱,北方变得越来越不适宜耕作。随着人口向南方转移,农耕和蚕桑技术也普及到南方,奠定了南方经济的基础。南迁移民积极开发南方农业,江南水乡更成为中国经济的发动机。与此同时,由于王朝必须凭借北方的山地来防御草原民族,北京在元、明、清三朝都是中国的都城。但北方残破的经济无法供养京城的人口,江南的粮食必须大费周折地运到京城。如何保证南北漕运畅通,成为让每个皇帝都头疼的难题。

更深刻的变化来自技术。由于人口减少,人均工资增加,欧洲人不得不利用风车和水车代替人力,为未来的机器时代吹响号角。海船运回的美洲物种中,富含淀粉的土豆成为穷人的救命粮。荷兰和英国掀起农业革命,集中土地,推广四轮耕作,大大提高了农业产出。统一的民族国家成为流行的国家形态,现代化的政府以高效的行政来调动国家资源,娴熟地应对随时可能发生的自然灾害。因此,即使寒冬能在 19 世纪困住拿破仑的大军,却不能给世界人口带来实质性的损害。

到了 19 世纪下半叶,小冰期结束。持续性的寒冬消退,只留下那些技术和社会变革。经过一场冷期,世界呈现出我们所熟悉的现代模样。

（2）小冰期的文化

尽管小冰期给西方世界与东方世界都带来了深重的灾难,但是不可否认的一个事实是:人类在小冰期的几百年里取得了巨大发展,从中世纪走向了近现代。14 世纪在意大利兴起,又以不同形式扩展至欧洲大部分地区的文艺复兴,随后的宗教改革,以及 15—17 世纪发生的科学革命,都是人类文明史上光辉灿烂的明珠,改变了整个世界的面貌。包括中国在内的其他文明地区也在这股潮流中重新融入世界。

① 文艺复兴

文艺复兴发源于意大利佛罗伦萨,后扩展至欧洲各国。它打着复兴古希腊罗马文化的旗号,以人文主义为核心思想,赞颂人的智慧和才能,提倡人性、个性解放和个性自由,批判宗教宣扬的来世思想和禁欲主义,肯定人是现实生活的创造者。在这场运动中,长期以来受到宗教神学、经院哲学禁锢的欧洲人获得了思想上的大解放,经历了一次观念上的大革命。

意大利的达·芬奇是文艺复兴的标志性人物。他既是一位人文主义思想家、哲学家、艺术家,又是出色的工程师和科学家,他的作品和思想深深地影响了欧洲。

② 宗教改革

随着文艺复兴运动的发展,宗教改革也如火如荼地展开。由于教会在德国的统治最为残酷,社会矛盾也更加尖锐,宗教改革运动首先在德国开始。运动的代表人物是马丁·路德,他提出了宗教改革学说,其核心就是"信仰可以获救"。路德主张,只要自己信仰上帝,灵魂就可以获救,人人有权读《圣经》,人人可以通上帝,不需要有教会和教士的特权,也无需奢侈的宗教仪式。他在《九十五条论纲》中揭露了教会僧侣们的虚伪和腐朽,反对教会利用"赎罪券"骗取民财。于是,一个全新的教派——新教产生了。

继路德之后,法国人约翰·加尔文又发展了新教。加尔文的新教提倡并拥护私有财产,认为发家致富是光荣的,强调人要实现上帝所赋予的使命。新教很快便传播至欧洲各国。

③ 近代科学革命

中世纪的欧洲,科学变成了神学的附庸,宗教改革对科学从神学中解放出来有积极作用。宗教改革者反对神父的权威,认为研究万物是对上帝的爱戴,这些都是有利于自然科学发展的。

波兰的尼古拉·哥白尼发表了《天体运行论》,革命性地提出了"日心说"。他的学说被广泛传播,越来越多的人仰望星空,俯察大地,颠覆了宗教神学的宇宙观。意大利的乔尔丹诺·布鲁诺为了维护"日心说"而被教会施以火刑,但"日心说"的火种并没有熄灭。伽利略·伽利雷、约翰尼斯·开普勒、艾萨克·牛顿等大科学家站在巨人的肩膀上,观察、研究宇宙万物的运行规律,提出了一系列划时代的观点。天文学、数学、物理学、化学、生物学等百花齐放,人类终于用科学的眼光观察、解释世界。

④ 近代启蒙主义思想

随着奥斯曼土耳其在中东的崛起,东西方贸易的直接通道受到阻碍,气候环境的变迁迫使欧洲人寻找新的发展之路。思想的解放进一步激发了人们探索的欲望,科学的进步则提供了探索的条件。几百年中,地理大发现让人类第一次摸清了地球的全貌,世界因此联结成为一个崭新的整体。

在这一轮全球化的进程中,近代启蒙主义思想诞生。弗朗西斯·培根、勒内·笛卡尔成为近代哲学思想的先驱,孟德斯鸠奠定了三权分立的思想和议会制民主的基础,亚当·斯密奠定的市场经济思想直接影响到了现代税收制度的设计。一大批划时代的思想巨擘的涌现,使得人类走向近现代文明世界。

⑤ 中国在小冰期的文化发展

中国在经历了元朝统治之后,社会发展程度较宋朝有所倒退。元朝统治阶层一贯"内北国而外中国",对中华文明的吸收、借鉴、发展贡献较小。

在明朝,中华文明得到恢复性发展。王守仁(号阳明)心学思想的提出,成为明朝思想界革新的旗帜。王守仁还划时代地提出"四民异业而同道",将士、农、工、商视为一体,不再歧视商人。

心学流布天下,涌现出了许多思想大家,到了明朝晚期,中国社会出现了许多积极的思想萌芽。譬如李贽公开批判道学者的虚伪,扬商贾功绩,倡导功利价值;汤显祖创作一大批戏剧,传递出思想解放的信号;袁宏道提出"独抒性灵,不拘格套"的"性灵说",反对长期以来流于形式主义的诗文创作。原本难登大雅之堂的小说风靡社会,名士大家竞相点评、出版。"四大奇书"(《三国演义》《水浒传》《西游记》《金瓶梅》)畅销天下,影响深远。书院讲习、文人结社之风兴盛,学者不再皓首穷经,而是观察世界、关心时事、指点江山、激扬文字,以东林书院、复社成员为代表的明朝晚期知识分子,成为了一个时代的标杆。明末三大思想家顾炎武、黄宗羲、王夫之成为中国启蒙主义的先声。

隆庆开关(1567年)以后,明朝扩大开放,中西方交流更加密切,开启了西学东渐的进程。以徐光启(官至内阁次辅,相当于副总理)为代表的知识分子,与利玛窦等西方传教士往来切磋,大力吸收西方先进科学知识,引进翻译《几何原本》《泰西水法》等科学著作,为利玛窦、李之藻刊刻的国内第一幅世界地图《坤舆万国全图》作注释,撰写了《题万国二圜图序》,编修《崇祯历书》,采用西法改进火铳、火炮等热兵器。科学技术并不被明朝人视为"奇技淫巧",在引进西方先进科技的同时,中国本土学者也取得了巨大成就。如李时珍的《本草纲目》、宋应星的《天工开物》、朱载堉测算的"十二平均律",都是重大科技成果。

可惜的是,思想界的解放、科学技术的进步,并没有挽回明朝的颓势。在小冰期带来的极端自然灾害影响下,明朝内忧外患,最终被清朝取代。清朝统治集团,包括康雍乾盛世的君主,昧于大势,对内强化集权统治,大肆制造"文字狱",压制阳明心学,禁锢思想;对外闭关锁国,与世界主流隔绝,盲目自大。明朝晚期的一系列积极的发展势头终被截断,直到被西方的坚船利炮打开国门,中国人才又一次开眼看世界。

5.4.3 现代气候变化对文化的挑战

全球气候变化给人类社会的经济、农业、工业、科技等领域都带来了重大而深刻的影响,由此也引发人类进行了不同程度的变革,而气候对人类文化的牵动也同样如此。

(1)世界遗产直面威胁

联合国教科文组织于2007年宣布,被列入《世界遗产名录》的很多自然与文化遗产正面临着气候变化带来的威胁。该组织发布了来自世界各地 50 个专家的研究报告《气候变化与世界遗产案例分析》，其中列举了 26 个例子，详细阐述了气候变化给世界遗产带来的严重影响：雨季和旱季的周期性变化、空气湿度的大小、地下水位高度的改变和土壤化学成分的变化都会影响到文化古迹；冻土的融化以及海平面的上升也会带来不利的影响，包括英国的伦敦塔、非洲的乞力马扎罗国家公园和澳大利亚的大堡礁。

以秘鲁昌昌城址为例，厄尔尼诺现象所造成的降水量变化破坏了这个全球著名的土砖城结构。气候变化导致的洪涝灾害和海水上涨对欧洲、非洲和中东地区的几个历史名城的破坏也很大。洪水会引起土壤湿度增加，导致建筑物表面因盐分结晶增加而受到侵蚀，也容易造成地面隆起或下沉。

在全球气候变化下，保护文化遗产地尤其重要。一方面，由于气候变化可能导致个人生活方式和物质环境的快速变化，这将会使许多人感到不安。保护其珍视的物质和文化环境中有意义的部分，可以减少物质和社会变化所带来的心理冲击，这就是为什么许多人在自然和人为的灾难之后要选择重建他们所熟悉的环境的原因。另一方面，在不安定时期，文化遗产对于维护人们的精神健康和生活质量也起到重要作用。此外，很多因其文化意义被珍视的传统建筑形式适应了气候状况，优化了能源使用。如果对这些建筑加以保护，人们可以在能源变得昂贵且不足的未来再次使用这些对策。传统的中国四合院作为一种都市的高密度居住形式，就是一个提供生活质量可被接受且能耗低的例子。

联合国教科文组织确定了两个主要策略：一是减弱变化所带来的影响，对遗产地进行监测并使其适应气候变化，因为尽管极端的气候状况给文化遗产带来的冲击是巨大的，但是大部分潜在威胁是来自气候的逐渐变化；二是让气候变化相对稳定，以意大利水城威尼斯和埃及城市亚历山大为例,要在50—200年内减轻海平面上升对这两处文化遗址的影响,否则海平面上升50厘米,就会带来毁灭性的危害,迫使人们彻底放弃这两处世界文化遗址,所以最好的办法是让气候变化趋于稳定。但保护世界遗产不受气候变化的影响需要很大的开销,并非易事。

（2）土著部落文化遭破坏

在全球范围内,气候变化趋于严重,气温越来越高,季节性的干旱、洪水及飓风也在不断反复。很多靠天吃饭的土著部落苦不堪言,在挣扎与适应中求生存,许多部落成员面临的最紧迫问题是食物危机、家园被毁,以致到了走投无路的境地,生存岌岌可危,亟待世界各方援手救助。

人类学家们担忧,大量土著部落将失去自己的传统习俗、文化艺术及语言,他们的文化将消亡。有的地方,人们为了保存自己的文化习俗而不得不迁移,但有些偏远地区的小部落将会灭绝。由于四周的土地都被日益增长的人口占据,有些气候难民不太可能移居,只能被迫囚居在一个地方,等待灭亡。

例如,巴西亚马孙河流域的卡玛于拉部落面临生存困难。几个世纪以来,该部落一直居住在现在的欣谷河国家公园的中央,这里过去被茂密的热带雨林所包围,丛林湖泊及河里的鱼是该部落居民的主食。现在四周的森林日渐被砍伐,逐渐变成农场,使该部落成员无处可去。大面积砍伐森林和全球气候变化使亚马孙河流域越来越干燥炎热,鱼类资源的逐渐枯竭让该部落面临生存危机,很多孩子只能靠吃蚂蚁填饱肚子。

北极地区的土著部落更面临无路可走的威胁,因为以前的道路都融化了。美国阿拉斯加地区的爱斯基摩部落正在消失,因为冰川融化,海平面不断上升,冰层消失,爱斯基摩人很难捕到海豹,而海豹是他们的主食。有些爱斯基摩人正在起诉污染者及发达国家,并要求他们赔偿。英国牛津大学环境变化研究所研究员桑顿博士说："爱斯基摩人自己知道，他们并没有破坏环境，来自工业国的污染正威胁着他们的生活方式。"

（3）气候难民遗失本族文化习俗

全球气候变暖对许多岛屿国家和生态脆弱地区的影响最为严重，威胁着当地居民的生存，造成了大量气候难民。气候变化使不堪忍受恶劣环境的人们背井离乡，移居异地，这会影响他们的社会经济结构及生活方式，在迁徙中他们逐渐遗失了本族的文化习俗。

例如，一场有史以来浪峰最高的潮水使图瓦卢的许多居民无家可归，当地政府于 2000 年 2 月向新西兰发出请求，希望能够接收 3000 名图瓦卢居民前往定居。2001 年，该国领导人宣布"对抗"海平面上升的努力已经失败，图瓦卢的居民将会撤出该群岛，新西兰同意每年按配额接收撤离者。

更加不幸的是，其他低地岛国，如基里巴斯、库克群岛、瑙鲁和西萨摩亚等国也出现了类似情况。在斐济首都苏瓦附近的图古鲁村落，以前在大树荫蔽之下的家族祖坟，如今已淹没于水中，村里上了年纪的老人说："那本来是村里像圣地一样的地方，是社区的中心。"2005 年，在瓦努阿图的"Lateu"岛上，100 多个居民拆掉他们居住多年的木板房，搬到地势比较高的地方，以适应环境变化。该国土地资源部总司长如塞尔·纳瑞说："南太平洋岛国大多依赖旅游业，对太平洋原始生态的任何破坏都会减少游客数量。而且旅游的基础设施一般沿海岸分布，海水上涨已经使之非常脆弱。极端的天气还使渔业和农业受到影响，直接打击人们的生活。"

迄今，反映气候变化的文艺作品及活动越来越多，呈现形式也多种多样，如书籍、艺术展览、影视剧作、音乐等。通过再现气候危机下人们生存环境的现状，采用放大人类末日的演绎手法等，给人以心灵上的震撼与冲击，能起到一定的警示作用。

附录
我们如何获知现在和过去的气候变化

现在的气候信息,我们通过仪器监测很容易就能获得。气象观测,包括地面气象观测、高空气象观测、大气遥感探测和气象卫星探测等,由各种手段组成的气象观测系统,能观测从地面到高空、从局部地区到全球的大气状态及其变化。16世纪末到20世纪初是地面气象观测的形成阶段。1597年,意大利物理学家和天文学家伽利略发明了空气温度表;17世纪中叶,西方先后发明了水银温度表、气压表等仪器,并以传教的途径传入中国。20世纪20年代到60年代,是由地面观测发展到高空观测的阶段,气象火箭把探测高度提高到了100千米左右。1960年4月1日,美国发射了第一颗气象卫星"泰罗斯1号",标志着气象观测进入了大气遥感探测阶段,一颗地球同步气象卫星可以提供差不多五分之一地球范围内、每隔10分钟左右的连续气象资料。相传在黄帝时代,古代中国就设有专人从事气象观测。在甲骨文中关于天气现象的知识就已十分丰富、细致,包括对降水、风、云、雾的许多描述。春秋时代已用圭表测日影确定季节,秦汉时期就有二十四节气、七十二候的完整记载。大约从汉代开始就有了铜凤凰、铁鸢、相风铜乌等测风工具。秦九韶于1247年在《数书九章》中阐明"平地得雨之数",用来计算降水量。而由钦天监和各地方上报朝廷的《晴雨录》,是中国古代有组织的、连续的天气记录。在文字出现之前,保存下来的古代岩画等艺术形式也是一种间接的古气候信息的获取渠道。但是,如果我们想得到可靠的、时间更久远的地球历史上的气候变化信息,则需要借助一些记录中的气候指标来实现。一些历经沧海桑田的变迁所保留下来的样品,可以说是地球母亲给予我们的"历史书",这些沉积岩、冰芯、石笋、树轮、珊瑚等,都记录了过去的气候和环境变化信息。

（1）氧同位素温度计

在古环境和古气候研究中,氧同位素是最常用的指标之一。氧有三种稳定同位素,^{18}O、^{17}O 和 ^{16}O,它们在大气中的含量分别约为99.762%、0.038% 和 0.200%。由于较重的 ^{18}O 和较轻的 ^{16}O 具有不同的蒸气压,海水蒸发过程中,轻的 ^{16}O 优先上升进入大气,剩下的海洋就有更多重的 ^{18}O。当大气中的水蒸气冷凝形成雨滴降落时,重的 ^{18}O 优先降落,大气中的 ^{16}O 就变得更多。随着水汽由海洋向两极输送,空气中的 ^{16}O 在蒸发—降水过程中越来越多,这些富含 ^{16}O 的水汽到达南极、北极上空作为降雪落下来,最后堆积、压实形成冰盖。因此,极地冰的 $^{18}O/^{16}O$ 比值就非常低,而海水的 $^{18}O/^{16}O$ 比值较高,从而导致了氧同位素分布的地理差异。由于这些差异,氧同位素能够较好地反映当时的温度和降水条件的变化。例如,尽管现代海水的 $^{18}O/^{16}O$ 比值基本不变,但是在地球历史上海水的氧同位素组成却是变化的。在寒冷的冰期,更多的 ^{16}O 被保存到大陆冰盖中,导致海水的 $^{18}O/^{16}O$ 比值上升。在温暖的间冰期,由于大陆冰盖的融化,大量富含 ^{16}O 的冰川融水进入海洋,使得海水的 $^{18}O/^{16}O$ 比值下降。也就是说,海水和冰芯的氧同位素组成可以反映温度的变化。但是我们如何利用海水和冰芯来恢复古气候记录呢? 幸运的是,海底的沉积岩和冰芯中封闭的气泡为我们提供了非常好的古气候信息。

通过检测海洋碳酸盐生物化石壳体的氧同位素组成来计算古海水的温度,是美国化学家、诺贝尔化学奖得主哈罗德·克莱顿·尤里于 1947 年提出的。他发现平衡条件下碳酸钙在海水中沉积时,它的氧同位素组成仅与海水的温度和氧同位素组成有关,从而奠定了以 $^{18}O/^{16}O$ 比值测定古海水温度的基础。除常用的碳酸盐古生物化石外,磷灰石壳体生物也被广泛使用。

海水中有一种生物叫有孔虫,其中生活在表层海水中的叫浮游有孔虫,深海里的则叫底栖有孔虫。有孔虫利用海水中的钙和碳酸氢盐(HCO_3^-)来形成它们的碳酸钙($CaCO_3$)壳体,壳体的氧同位素组成与有孔虫所处海水中的氧同位素组成有很好的对应关系,因此是古温度研究的良好载体。当有孔虫死亡后,它们就沉降到海底,和沉积物堆积在一起,海水的 $^{18}O/^{16}O$ 比值的变化信息就被保存在有孔虫的壳体中。海底的沉积岩岩芯最古老的记录可达 2 亿年,超过这个时间的沉积物由于板块的运动、洋壳的俯冲作用等,已经不能从现代的海底获得。每年堆积的海底沉积物非常少,加上海水重力的挤压,沉积物被压缩形成沉积岩,短短 10 厘米左右的深海沉积岩岩芯可能保存了数十到数百年的信息。我们通过大洋钻探来获取深海的沉积岩岩芯,从不同的层中挑选出有孔虫化石,测量它们的 $^{18}O/^{16}O$ 比值,运用氧同位素测温方程,就可以恢复海水古温度的变化记录。20 世纪 50 年代美国芝加哥大学的地球科学家切萨雷·埃米利亚尼首次利用深海沉积物中方解石化石的氧同位素组成得到了第四纪的古温度变化,并在此基础上建立了深海氧同位素曲线。

冰川是水的一种存在形式,是雪经过一系列变化而来的。当天气足够寒冷时,雪花落到地上不会马上融化,随着外界条件和时间的变化,雪花会变成完全丧失晶体特征的圆球状雪,被称为"粒雪",这种雪就是冰川的"原料"。积雪变成粒雪后,随着时间的推移,大大小小的粒雪相互挤压,紧密地镶嵌在一起,其间的孔隙不断缩小,形成冰川冰。每年下的雪都在冰上堆积,最终冰进一步被压缩构成冰层。在降雪成冰的过程中,微小的空气气泡被连续地封闭在冰层中,与外部的大气完全隔离,再也不能泄漏到外面。经过漫长的岁月,气泡就成了"大气的化石"。例如,温室气体二氧化碳和甲烷的含量,可用来推断工业革命以来人类活动的情况;粉尘的含量记载了不同时期陆地上的干旱程度;硫酸盐气溶胶的含量反映了火山喷发的情况;冰的净积累速率是降水量大小的指标;冰芯的宇宙成因核素,则提供了宇宙射线、太阳活动和地磁场强度变化的最有力证据。因此,冰川是一本巨厚的"日记",记录了过去的地球气候环境变化轨迹。科学家通过分析不同年代冰川样品的成分变化,可以获取过去的气温、降水、大气环境和人类活动等信息。降雪的水汽归根结底都是来自海洋。如前所述,温度越高,大气中的 ^{18}O 含量越高,冰芯中 $^{18}O/^{16}O$ 比值越大,从而推断出成冰时的温度状况。我们通过钻探冰盖,获得数千米厚的冰芯,提取出冰芯中的空气气泡进行分析,就可以恢复当时的大气成分记录。通过分析空气气泡的氧同位素比值,就可以得知当时的大气温度。

(2)大洋钻探和冰芯钻探的故事

深海钻探是 20 世纪世界科学技术史上的一项壮举,也是地球科学领域历时最长、参与国家最多、最成功的国际合作。1964 年,美国斯克里普斯海洋研究所等单位联合组成了"国际地球深部取样联合海洋机构"(JOIDES),并于 1966 年制订了"深海钻探计划"(DSDP),建造了高性能的"格洛玛·挑战者"号钻探船。从 1968 年 8 月到 1983 年 11 月,"格洛玛·挑战者"号完成航次 96 个,钻探站位 624 个,实际钻井逾千口,航程超过 60 万千米,回收岩芯 9.5 万多米。除冰雪覆盖的北冰洋以外,钻井遍及世界各大洋。后续的国际大洋钻探计划(ODP,1985—2003)、国际综合大洋钻探计划(IODP,2003—2013)和当前的国际大洋发现计划(IODP,2013—

2023）陆续展开。半个世纪以来，科学大洋钻探在全球各大洋钻井3600多口，累积取芯超过40多万米，所取得的科学成果验证了板块构造理论，揭示了气候演变的规律，发现了海底"深部生物圈"和"可燃冰"，促进了地球科学一次又一次的重大突破，也为高精度的古气候学和古海洋学研究奠定了重要基础。中国于1998年加入这一计划，组织领导国际科学家团队在南海成功实施了3个IODP航次，钻探了12个站位，总取芯4100多米，获得大量珍贵的沉积物和玄武岩岩芯样品。

在古气候和古环境变化研究中，冰芯是一个极为重要的研究对象。相比深海沉积物、黄土和树轮，冰芯在记录气候方面最完整，分辨率也最高。20世纪90年代起，欧洲和美国分别在格陵兰中部开始了宏伟的冰芯钻探计划，分别钻取了3000多米厚的冰芯，获得了约10万年的记录。到21世纪，科学家在格陵兰中北部分别得到了12.3万年和12.85万年的冰芯记录。格陵兰冰雪堆积速度较快，每年沉积的冰层很厚，即便是冰盖基底3000米处的年龄也不过十几万年。相比之下，有着"白色沙漠"之称的南极内陆，降水量少，冰雪堆积速度非常慢，数千米厚的冰盖可能就记录了几十万至上百万年的地球气候变化信息。南极冰盖最重要的钻井有3处：东方站、富士站和冰穹C站。东方站于1970年开钻，直到26年后的1996年底才钻到3623米处，获得了42万年前的冰芯记录，可说极为来之不易。2003年1月，欧洲南极冰芯钻探项目小组（EPICA）在冰穹C站钻取到3270米处，得到了目前南极最久远的冰芯记录——80万年。2009年1月27日，在"南极大陆不可接近之地"的冰穹A上，我国成功建立了昆仑站，成为人类南极科考史上的又一个里程碑。海拔4000多米的冰穹A，不仅是南极内陆冰盖的最高点，也是东南极冰盖的发源地，蕴藏着珍贵的古气候和古环境信息。2013年1月21日，我国深冰芯钻机在昆仑站安装完成后，进行了第一钻的试钻探,成功钻取了一支长达 3.83 米的冰芯,标志着中国深冰芯钻探实现了零的突破。随后,各考察队继续向冰盖深处钻进,目前已将钻探深度推进至 800 多米。未来,我国南极考察队将继续向 3200 米深度钻进,以期通过对冰芯的研究,破解百万年来气候和环境变化的奥秘。

参考文献

［1］布莱森,2007.万物简史:彩图珍藏版［M］.严维明,陈邕,
译.南宁:接力出版社.

［2］陈广忠,译注,2011.淮南子［M］.北京:中华书局.

［3］程俊英,蒋见元,1991.诗经注析［M］.北京:中华书局.

［4］戴蒙德,2000.枪炮、病菌与钢铁:人类社会的命运［M］.谢延光,
译.上海:上海译文出版社.

［5］董浩,等,1983.全唐文［M］.北京:中华书局.

［6］法里斯,2010.大迁移:气候变化与人类未来［M］.傅季强,译.北
京:中信出版社.

［7］方诗铭,王修龄,校注,2005.古本竹书纪年辑证［M］.上海:上
海古籍出版社.

［8］费根,2008.大暖化——气候变化怎样影响了世界［M］.苏月,
译.北京:中国人民大学出版社.

［9］费根,2009.洪水、饥馑与帝王:厄尔尼诺与文明兴衰［M］.董更
生,译.杭州:浙江大学出版社.

［10］费根,2013.小冰河时代［M］.苏静涛,译.杭州:浙江大学出
版社.

［11］费根,2014.地球人:世界史前史导论(第13版)［M］.方辉,等,
译.济南:山东画报出版社.

［12］费根,2019.气候改变世界［M］.黄中宪,译.北京:天地出版社.

［13］葛全胜,等,2011.中国历朝气候变化［M］.北京:科学出版社.

［14］顾青,2009.唐诗三百首［M］.北京:中华书局.

［15］赫拉利,2014.人类简史:从动物到上帝［M］.林俊宏,译.北京:
中信出版社.

［16］瞿蜕园,朱金城,校注,2007.李白集校注［M］.上海:上海古籍
出版社.

［17］克林格曼 W,克林格曼 N,2017.无夏之年［M］.李矫,杨占,
译.北京:化学工业出版社.

［18］李肇,赵璘,1979.唐国史补 因话录［M］.上海:上海古籍出版社.

［19］罗尔,2000.圣经:从神话到历史［M］.李阳,沈师光,译.北京:作家出版社.

［20］马德,2017.气候颠覆历史［M］.太原:山西人民出版社.

［21］满志敏,2009.中国历史时期气候变化研究［M］.济南:山东教育出版社.

［22］彭纳,2013.人类的足迹:一部地球环境的历史［M］.张新,王兆润,译.北京:电子工业出版社.

［23］斯塔夫里阿诺斯,2005.全球通史:从史前史到21世纪(第7版修订版)［M］.吴象婴,等,译.北京:北京大学出版社.

［24］孙诒让,1987.周礼正义［M］.北京:中华书局.

［25］谭其骧,1982.中国历史地图集［M］.北京:中国地图出版社.

［26］谭其骧,2000.晋永嘉丧乱后之民族迁徙［M］.石家庄:河北教育出版社.

［27］汤因比,2016.人类与大地母亲［M］.徐波,等,译.上海:上海人民出版社.

［28］田家康,2012.气候文明史［M］.范春飚,译.北京:东方出版社.

［29］汪品先,2009.全球季风的地质演变［J］.科学通报.54(5):535—556.

［30］王绍武,2011.全新世气候变化［M］.北京:气象出版社.

［31］西拉姆,2005.西拉姆讲述考古的故事［M］.曾晓祥,译.2版.北京:东方出版社.

［32］谢枋得,注,1988.谢注唐诗绝句［M］.杭州:浙江古籍出版社.

［33］许靖华,2014.气候创造历史［M］.甘锡安,译.北京:生活·读书·新知三联书店.

［34］伊懋可,2014.大象的退却:一部中国环境史［M］.梅雪芹,毛利霞,王玉山,译.南京:江苏人民出版社.

［35］约翰,2014.气候改变历史［M］.王笑然,译.北京:金城出版社.

［36］张德二,1993.我国"中世纪温暖期"气候的初步推断［J］.第四纪研究,13(1).

［37］竺可桢,2016.天道与人文［M］.3版.北京:北京出版社.

［38］JONES P, BRADLEY R, JOUZEL J, et al,1996.Climatic Variations and Forcing Mechanisms of the Last 2000 Years［M］.Berlin:Springer.

图书在版编目（CIP）数据

天人之变：气候变迁与文明兴衰/徐士进，吴卫华编著. —
南京：江苏凤凰教育出版社，2021.7
ISBN 978-7-5499-7838-0

Ⅰ. ①天… Ⅱ. ①徐…②吴… Ⅲ. ①气候变化-影响-文
化史-研究-世界 Ⅳ. ①P467②K103
中国版本图书馆CIP数据核字（2018）第287294号

书　　名	天人之变——气候变迁与文明兴衰
编　　著	徐士进　吴卫华
责任编辑	崔瑜秩　汪　伟　王　悦
装帧设计	张金风
责任印制	石贤权
出版发行	江苏凤凰教育出版社（南京市湖南路 1 号 A 楼　邮编：210009）
苏教网址	http://www.1088.com.cn
照　　排	南京星光测绘科技有限公司
印　　刷	南京爱德印刷有限公司
厂　　址	南京市江宁区东善桥秣周中路 99 号
开　　本	787 毫米 × 1092 毫米　1/16
印　　张	14.75
版　　次	2021 年 7 月第 1 版
印　　次	2021 年 7 月第 1 次印刷
书　　号	ISBN 978-7-5499-7838-0
审 图 号	GS（2021）1337 号
定　　价	128.00 元
网店网址	http://jsfhjycbs.tmall.com
公 众 号	苏教服务（微信号：jsfhjyfw）
邮购电话	025-85406265，025-85400774，短信 02585420909
盗版举报	025-83658579

本书如有印刷、装订等质量问题，请与印刷厂联系调换
提供盗版线索者给予重奖

数字服务声明：本书提供的数字服务截至 2024 年 12 月